江苏省本科高校产教融合型品牌专业教材

江苏省产教融合型一流课程教材

药物研发与职业技能指导

徐群为　杨明利　主编

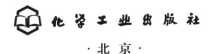

化学工业出版社

·北京·

内 容 简 介

《药物研发与职业技能指导》以药物研发为主线，以职业技能培养为目标，系统阐述了药物的研发流程、创新药物研发新技术、药品注册申报、药品质量监督、药品研发安全与环保等内容；并结合具体案例，阐述原料药合成（提取）及精制、原料药质量研究、药物制剂处方筛选、药物制剂的质量研究等内容；同时，对药学专业从业人员的专业知识和技能要求、道德品质、社会责任感及沟通协作能力等做了详细介绍。教材结构体系新颖，产教融合特色明显，语言通俗易懂，可读性与实用性强。

本书适合高等普通本科院校药学类专业教学使用，也适合高等职业教育药学、药品类专业教学使用，还可作为从事药物研发的专业人员的参考书。

图书在版编目（CIP）数据

药物研发与职业技能指导 / 徐群为，杨明利主编.
北京 ：化学工业出版社，2025．6. --（江苏省本科高校产教融合型品牌专业教材）（江苏省产教融合型一流课程教材）. -- ISBN 978-7-122-47789-7

Ⅰ．TQ46

中国国家版本馆CIP数据核字第20251JB108号

责任编辑：王　琰　　　　　　　文字编辑：郑金慧　朱　允
责任校对：王　静　　　　　　　装帧设计：韩　飞

出版发行：化学工业出版社
　　　　　（北京市东城区青年湖南街13号　邮政编码100011）
印　　装：涿州市般润文化传播有限公司
787mm×1092mm　1/16　印张10　字数165千字
2025年6月北京第1版第1次印刷

购书咨询：010-64518888　　　　售后服务：010-64518899
网　　址：http://www.cip.com.cn
凡购买本书，如有缺损质量问题，本社销售中心负责调换。

定　　价：48.00元

编写人员名单

主　　编：徐群为　杨明利

副 主 编：李飞飞　李　瑞　白玮丽

编写人员：（以姓氏笔画为序）

万丹丹（南京医科大学康达学院）

王　萌（南京医科大学康达学院）

王秀军（江苏海洋大学）

白玮丽（南京医科大学康达学院）

朱梦月（南京医科大学康达学院）

李　瑞（南京医科大学）

李飞飞（南京医科大学康达学院）

李云行（南京医科大学康达学院）

李东坡（南京医科大学康达学院）

李洪雷（南京医科大学康达学院）

杨明利（南京医科大学康达学院）

张　焕（南京医科大学康达学院）

侍慧慧（南京医科大学康达学院）

徐群为（南京医科大学）

曹　想（南京医科大学康达学院）

樊　鑫（南京医科大学康达学院）

前　言

　　《药物研发与职业技能指导》以落实教育部关于"深化教育教学改革，全面加强大学生素质和能力培养"要求及国务院办公厅《关于深化产教融合的若干意见》为指导，结合药学专业实践型、应用型创新人才培养定位，以省级产教融合品牌专业和一流课程建设为契机，以新时代药学专业创新型人才培养为目标而编写的特色教材。

　　本书共六章：第一至第四章系统阐述了药物的研发流程、创新药物研发新技术、药品注册申报、药品质量监督、药品研发安全与环保；第五章从药学专业岗位类型出发，对专业知识和技能、道德品质、社会责任感及沟通协作能力等做了详细介绍。第六章以具体药物研发为例，介绍了原料药合成（提取）及精制、原料药质量研究、药物制剂处方筛选、药物制剂的质量研究等内容，使学生在实际案例中掌握药物研发的整体流程，训练学生的药学综合实践技能及适岗能力。

　　在编写过程中，编者力求从药学专业实践性、应用性的角度出发，将药物研发基础知识与企业研发岗位需求相结合，不仅注重专业知识的编写，也关注学生职业素养的培养，在案例选择上由浅入深，涵盖了注射剂、片剂、胶囊和中药复方制剂，特别适合本科院校药学类专业教学使用，也可作为从事药物研发的专业人员的参考书。

　　本书由徐群为、杨明利主编，其中第一章由杨明利、李瑞、王秀军编写；第二章由徐群为、张焕、白玮丽编写；第三章由朱梦月编写；第四章由樊鑫编写；第五章由李飞飞、万丹丹编写；第六章由王萌、李洪雷、侍慧慧、曹想、李东坡编写；附录由李云行编写，最后由杨明利、白玮丽完成全书的修订、统稿工作。

　　编写《药物研发与职业技能指导》是一项具有挑战性的工作，虽然作者在编写的过程中参阅了部分已出版的教科书和专业期刊，也做了很大努力，但由于编者的经验与业务水平有限，不当之处在所难免，恳请广大读者批评指正。

编　者
2025 年 3 月

目 录

第一章

药物研发基础知识

第一节　概述

药物发现的历史是一部科学进步史和人类文明发展史，人类在同疾病的斗争过程中，经历了从盲目到自觉、从偶然到必然以及从原始发现到科学设计的漫长的药物发展历程。

早在几千年前，人们便开始寻找有效的方法和药物来改善生活质量、延长寿命。美索不达米亚人在公元前3000年便在泥版上记录了用于治疗的药用植物和矿物，而中医药的理论与实践也至少有2000多年的历史，明代杰出的医药学家李时珍于公元1578年完成的《本草纲目》中收载了植物、动物和矿物药共1892种，药后附方11096个。古代的药物开发是以天然药物的发现为主，通常是通过经验观察患者的症状来积累知识，"神农尝百草，一日而遇七十毒"就是药物发现的生动写照。

从19世纪开始，化学、医学和生物学的蓬勃发展推动了近代药物的发现与发展。在其初期，药物发现手段主要是应用化学方法从植物中提取有效成分，如1803年从阿片中分离得到具有镇痛作用的吗啡结晶，1820年从金鸡纳树皮中分离出了抗疟成分奎宁，同年于百合科植物秋水仙中发现了生物碱秋水仙碱等。随着有机合成技术的日渐成熟，至19世纪末，人类已经能成功制备出大量化学合成物质，如1847年首次合成出了硝酸甘油，1859年化学家发明了水杨酸的简便合成方法，1897年已能批量制成高纯度的乙酰水杨酸——阿司匹林等。同时这一时期药理学兴起，动物模型被引入新药筛选及药效学试验，代替了传统的人类试验，这促使人们发现某些化学物质的治疗作用，使其得以应用于临床，因此，合成药物逐渐成为此时药物发现的主要方向。

19世纪末到20世纪初，随着药物研发经验的积累，人们逐渐认识到药物化学结构与其药理活性之间的关系，并随着生物药剂学与药物动力学等学科的产生与发展，人们在研究构效关系的同时，开始关注药物效应的产生与其体内过程的关系，以及药物化学结构对其体内过程的影响等，药物研究深入到了体内。从20世纪至今，药物化学、药理学、生物学、药剂学等多学科协同合作，开启了现代药物发现的新纪元，药物有效地控制了多种疾病的进程，降低了死亡率，大大延长了人类的平均寿命。化学药物发现经过60年以"经验摸索设计"为主的发展期，逐渐进入自20世纪60年代至今的"合理设计"时期，即药物设计阶段。随着对疾病发病机制、药物作用机制、药物构效关系、药物作用大分子靶标、药物与蛋白质相互作用等方面研究的不断深入，相关成果为现代药物设计及其分子结构改造提供了理论依据。高通量筛选的应用大大提高了获得先导化合物或候选药物的效率，加快了药物发现过程。

纵观现代药物的发展历程，其重心经历了三次重心转移和飞跃。第一次是从20世纪初至中叶，药物发展的重心集中在对抗各种感染性疾病，这一次飞跃是以磺胺药、青霉素等抗生素的发现与大量使用为标志；第二次是从20世纪60年代开始，药物发展重心转移到治疗非感染性疾病，这一时期涌现了一大批受体拮抗剂、激动剂、酶抑制剂药物，以肾上腺素能β受体拮抗剂普萘洛尔、H2受体拮抗剂雷尼替丁等药物的研发成功为标志；第三次是从20世纪70年代开始，各种基因工程、细胞工程、抗体工程药物出现，使生物大分子活性药物广泛应用于临床，进入了遗传性疾病和恶性肿瘤等疑难杂症生物治疗的新阶段，这一次飞跃是以人生长激素、胰岛素、单克隆抗体、核酸等一大批生物技术药物产生为标志。

自20世纪60年代开始，药物研发面临双重挑战：一方面由于心脑血管疾病、免疫系统疾病、恶性肿瘤等重大疾病的药物治疗水平相对较低，药物研制难度较大，若沿用传统方法研究开发药物，不仅需要耗费巨大的人力与物力，且成效也不令人满意；另一方面，药物安全性事件的发生（如1956年在欧洲上市销售的治疗孕妇孕吐的药物沙利度胺在不到5年的时间内导致了10000多名婴儿出生带有严重先天缺陷），使得各国卫生部门加强监管，制定法规，完善候选药物的安全性和有效性测试标准，从而延长了药物研制周期且增加了费用，因此，客观上需要改进研究方法，将药物的研究和开发过程建立在科学、合理的基础上。20世纪下半叶以来，生命科学和生物技术的研究成果成为最激动人心的科学成就，这些领域日新月异的发展，推动药物研究进入了一个革命性变化的新时代，其发展和应用极大地拓展了人们对生命过程、疾病发生与防治的认识，改变了药物发现与开发的思路与策略，逐渐形成了"从基因到药物"的药物研究模式，即首先从分子水平阐明疾病发生与发展机制，确证药物作用的靶标，然后有的放矢地寻找新药。近年来，国际上创新药物研发逐渐呈现出两个显著的特点：一方面是生命科学前沿领域如生物芯片、转基因和基因敲除动物、单克隆抗体和杂交瘤技术等，与药物研究紧密结合，发现和确证药物作用靶标取得了蓬勃发展；另一方面是一些新兴学科越来越多渗入到新药的发现与研究中，随着计算机算法的完善和硬件设施的升级，计算机辅助药物设计便应运而生。人工智能凭借其强大的数据处理能力，在蛋白质结构及蛋白质配体相互作用预测、药物靶点发现、活性化合物虚拟筛选、分子设计、化合物性质预测、药物再利用等药物研发环节均已应用。目前，越来越多的传统制药公司已经与人工智能公司建立了合作关系，以加速药物的研发进程。学科的交叉、渗透与结合日益紧密，将对药物的发现与开发产生深远的影响，药物的研发将不断取得新的进展。

药物研发涉及生物医学、药物化学、药理学、临床药学和计算机科学等诸多学科，体现了多学科交叉渗透、高新技术集成的前沿成果，是相关领域科技人员相互协作、共同完成的一项系统工程。

一、药物及药物研发

1. 药物

药物是指用于预防、治疗、诊断人的疾病，有目的地调节人的生理功能并规定有适应证、用法、用量的物质。经国家药品监督管理局（National Medical Products Administration，NMPA）审批，允许其生产、销售的药物称为药品，包括中药材、中药饮片、中成药、化学原料药及其制剂、抗生素、生物制品、放射性药品、血清疫苗、血液制品和诊断药品等。严格意义上说，在研究开发阶段，包括正在进行临床试验中的只能称为药物，而非药品。

（1）新药　新药是指化学结构、药品组分和药理作用不同于现有药品的药物。2015 年 8 月 9 日，国务院印发的《关于改革药品医疗器械审评审批制度的意见》中，定义新药为"未在中国境内外上市销售的药品"，并根据物质基础的原创性和新颖性，将新药分为创新药和改良型新药。创新药指新研制的、临床尚未应用的药物，其化学本质是新的化学实体（new chemical entity，NCE）；改良型新药是在已知活性药物成分（active pharmaceutical ingredient，API）的基础上，对其结构、剂型、处方工艺、给药途径、适应证等进行优化。美国食品药品监督管理局（Food and Drug Administration，FDA）定义新药是在 1938 年《联邦食品、药品和化妆品法案》颁布实施后，将其定义为"任何未被充分认识，需要凭借专家的科学知识和经验去评价其安全性和有效性，并在处方条件下以及标签推荐或建议下使用才能保证其安全性和有效性的药品"。日本定义新药为"全新的化学品、第一次作为药用的物质（虽然国外药典已收载，但首次用于日本）、具有新的适应证的已知药品、给药途径有所改变的已知药品、剂量有所改变的已知药品"。

（2）仿制药　仿制药是指与商品药在剂量、安全性和效力、质量、作用以及适应证上相同的一种仿制品。仿制药的诞生归功于 1983 年 FDA 通过的 Hatch-Waxman 法案，该法案对于仿制药和创新药发展都有促进作用。对于仿制药，不需要重复进行创新药批准之前进行的多年临床前动物研究和人体临床研究，而是通过证明其与原研药具有生物等效性即可获得批准；对于创新药，获得了专利保护期之外延长的保护期。2016 年 2 月 6 日，国务院办公厅印发《关于开展仿制药质量和疗效一致性评价的意见》，要求化学药品新注册分类实施前批准上市的仿制药，凡未按照与原研药质量和疗效一致原则审批的，均须开展一致性评价。

仿制药是与原研药具有相同的活性成分、剂型、给药途径和治疗作用的药品。进行仿制药质量和疗效的一致性评价，就是要求已经批准上市的仿制药在质量和疗效上能够与原研药一致，在临床上与原研药可以相互替代，这样有利于节约社会的医药费用。

2. 药物研发

人吃五谷杂粮繁衍生息几千年，难免遭遇各种疾病，这些疾病威胁着人类健康，因此，人们对药物的研究与开发孜孜不倦。一方面，随着生活环境的改变、疾病谱的变化，社会对创新药的需求逐渐增加；另一方面，由于其不良反应或成本问题，临床上现有的一些药物也需要不断改进。同时，随着生命学科的发展，人们对一些受体、酶、离子通道等生物靶点研究得越来越深入，基于靶点的药物研发越来越多。因此，无论是创新药的研发，还是仿制药的研发，其根本目的都是抵御疾病、增进健康、造福人类，这也是药学人员的专业使命和社会价值所在。

药物研发需要遵循一定的技术指导原则，这些原则是依据《药品注册管理办法》等相关要求，结合我国药物研发的实际情况制订，包括中药、天然药物研究技术指导原则，化学药物研究技术指导原则以及生物制品技术指导原则。

二、药物研发流程

（一）新药的研发流程

新药研发是指发现新化合物并推进成功上市的过程，包括新药靶标及新化学实体的发现和确立、临床前研究、新药研究申请（IND）、临床试验、新药申请（NDA）、上市监测等内容，如图 1-1 所示。

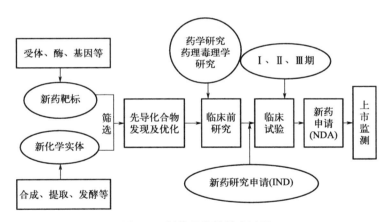

图 1-1 新药研发的基本过程

1. 新药靶标及新化学实体的发现、确立与优化

药物靶标是与药物特异性结合的生物大分子的统称。靶标的种类主要有受体、酶、离子通道、核酸、转运体、免疫系统、基因等，存在于机体靶器官细胞膜上或细胞质内。新药靶标的发现对于创新型药物的开发意义重大。

药物新靶标的发现途径有：①从有效单体化合物着手发现药物靶标；②以正常组织与病理组织基因表达差异发现靶标；③通过定量分析和比拟研究在正常和疾病状态下蛋白质表达谱的改变发现靶标；④以蛋白质相互作用为基础发

现药物靶标；⑤应用 RNA 干扰技术特异地抑制细胞中不同基因的表达，通过观察细胞的表型变化发现靶标。

新化学实体（NCE）也称先导化合物，是通过化学合成、天然来源、生物发酵等途径和手段得到的具有某种生物活性和化学结构的化合物，用于进一步的结构改造和修饰以得到最终可进入临床试验的候选药物。由于发现的先导化合物可能具有作用强度或特异性不高、药代动力性质不适宜、毒性和不良反应较强或是化学或代谢上不稳定等缺陷，先导化合物一般不能直接成为药物，需要对其进行进一步的优化。

2. 临床前研究

临床前研究是指药物进入临床研究之前所进行的药学研究和药理毒理学研究等。根据药品注册申报资料要求，临床前研究可概括为三方面，一是文献研究，包括药品名称和命名依据，立题目的与依据等内容；二是药学研究，包括原料药工艺研究、制剂处方及工艺研究、确证化学结构或组分的试验、药品质量试验、药品标准起草及说明、样品检验、辅料相关研究、稳定性试验、包装材料和容器有关试验等；三是药理毒理学研究，包括一般药理试验、主要药效学试验、急性毒性试验、长期毒性试验、过敏性试验、溶血性试验、局部刺激性试验、致突变试验、生殖毒性试验、致癌毒性试验、依赖性试验、动物药代动力学试验等。

药物的安全性评价研究必须执行《药物非临床研究质量管理规范》（Good Laboratory Practice，GLP）。GLP 是非临床安全性评价研究机构运行管理，及其研究项目试验方案设计、组织实施、执行、检查、记录、存档和报告等全过程的质量管理要求，目的是保证各项试验的科学性和试验结果的可靠性，也是新药研究数据国际互认的基础。

3. 新药研究申请

新药研究申请（investigational new drug，IND），一般是指尚未经过上市审批，正在进行各阶段临床试验的新药，目的在于向国家药品监督管理局（NMPA）提供报告，证明药物具备开展临床试验的安全性和合理性，获准后方可开展临床试验。

IND 的申请包含三方面内容：一是动物药理学和毒理学研究临床前数据，用于评估该产品在人体初始试验中是否合理安全；二是制造信息与用于药品的成分、制造商、稳定性和生产控制有关的信息，确保公司能够充分生产和供应一致批次的药物。三是临床试验方案、临床试验负责单位的主要研究者姓名、参加研究单位及其研究者名单、伦理委员会审核同意书、知情同意书样本等，以评估初始阶段试验是否会使受试者面临不必要的风险。

4. 临床试验及新药申请

候选药物通过了临床前评价及新药研究申请，能否上市则由临床试验结果最终加以判定。临床试验，指在人体（患者或健康志愿者）进行任何关于药物的系统性研究，以证实或揭示试验药物的作用、不良反应及/或试验药物的吸收、分布、代谢和排泄，目的是确定试验药物的疗效与安全性。一般分为Ⅰ、Ⅱ、Ⅲ、Ⅳ期临床试验和 EAP 临床试验，均应遵守《药物临床试验质量管理规范》（Good Clinic Practice，GCP）；申请人完成Ⅰ、Ⅱ、Ⅲ期临床试验后，可提出新药申请（new drug application，NDA），NDA 包括临床试验总结报告以及统计分析报告等。如果研究及试验数据等能够充分证明药物的安全性、有效性和质量稳定可控并通过综合审评，NMPA 核准、颁发《药品注册批件》及附件，新药即可生产上市。

5. 新药上市监测

Ⅳ期临床试验是新药上市后由申请人进行的应用研究阶段，其目的是考察在广泛使用条件下药物的疗效和不良反应、评估在普通或者特殊人群中使用的利益与风险关系以及改进给药剂量等。Ⅳ期临床试验涉及同类型其他药品在安全有效性和药物经济学等附加值方面相比较的过程，可以认为是新药研发的最后阶段。

（二）仿制药的研发流程

如前所述，仿制药不需要重复创新药批准之前进行的多年临床前动物研究和人体临床研究，而是通过证明其与原研药具有生物等效性即可获得批准，因此，仿制药的研发流程侧重药学研究和生物等效性研究内容，详见表 1-1。

其中，质量对比研究是判断仿制药与被仿制药质量一致性或等同性的重要方法，可以全面了解产品的质量特征，为仿制药注册标准的建立提供依据，主要包括三方面。

表 1-1　仿制药研发流程

项目	研究内容
产品信息调研	质量标准、工艺处方、专利信息等的调研
前期采购	参比制剂、原料、色谱柱、对照品、辅料、包材的采购
处方工艺研究	原辅料及参比制剂的检验、处方工艺摸索（辅料相容性试验、处方筛选）
	初步验证工艺（三批小试、样品检验、确定处方工艺）
	中试生产及工艺验证（中试批量、中试生产、工艺验证）
质量研究	质量研究项目的选择及方法的初步确定 质量标准的初步制订及方法学验证、质量对比研究
稳定性研究	影响因素试验、包材相容性试验、加速试验、长期试验、稳定性研究结果的评价
药理毒理学研究	药理毒理学研究资料进行整理归纳总结、试验委托
申报资料撰写、整理	综述资料、药学研究资料、药理毒理学研究资料、临床试验资料等的撰写、整理
申报现场核查	资料和电子申报表报省级部门、准备现场核查及动态三批现场工艺核查，抽样送检至省级药检所复检
临床研究	固体口服制剂做生物等效性试验，液体制剂免临床，局部用制剂一般需要做临床试验。

1. 溶出曲线对比研究

一般采用在四种溶出介质（pH1.2 的介质、pH4.5 的介质、pH6.8 的介质、水）中的溶出曲线对比的方法，用相似因子（f_2）法（$f_2>50$）来比较原研药和仿制药的曲线相似性。

2. 杂质的对比研究

对于有关物质检查，由于原料药制备工艺、制剂处方工艺的不同，仿制药的杂质种类与被仿制药的可能不同。因此，要求进行对比研究，分析仿制药和被仿制药中杂质的种类和含量情况。

3. 检测方法的对比研究

如研究发现国家药品标准中一些检测方法不适用于研制产品，为进一步验证是检测方法存在问题，还是研制产品自身存在质量问题，可以采用被仿制药进行对比研究。

三、创新药物的研发途径及方法

随着分子生物学、结构生物学的快速发展，创新药物的研发进入基于靶点的药物设计时代。科研人员能够基于某个靶点进行高通量筛选，在计算机的辅助下进行合理优化，使得药物的研发变得清晰明了。高通量筛选、高内涵筛选、虚拟筛选、基于结构的药物设计以及基于片段的药物设计逐渐成为药物研发的常见技术。如今，药物研发领域出现诸多新技术和新方法，比如 AI 技术、DNA 编码化合物库（DNA encoded compound library，DEL）技术、基因编辑技术（GE）、靶向蛋白质降解（targeted protein degradation，TPD）技术等，这些新技术和新方法的出现和发展，为创新药研发带来了新的技术手段。

1. 高通量筛选

高通量筛选（high throughput screening，HTS）技术是 20 世纪 80 年代后期发展起来的一种药物筛选方法，是以分子水平和细胞水平的实验方法为基础，以微板形式作为实验工具载体，以自动化操作系统执行实验过程，以灵敏快速的检测仪器采集实验结果数据，以计算机分析处理实验数据，在同一时间检测数以千万计的样品，并以得到的相应数据库支持运转的技术体系，具有微量、快速、灵敏和准确等特点。

HTS 是将多种技术方法有机结合而形成的活性筛选体系，其正常开展需要有高容量的化合物库、自动化的操作系统、高灵敏度的检测系统、高效率的数据处理系统以及高特异性的药物筛选模型。HTS 技术的局限性在于其采用的是分子、细胞水平的体外试验模型，反映机体全部生理机能或药物对整个机体作用的理想模型尚难以建立，因此不能充分反映药物的全面药理作用。同时，对筛选模型的评价标准以及对筛选模型的新颖性和实用性的统一，仍有待更加深入细致的研究。

2. 高内涵筛选

高内涵筛选（high content screening，HCS）技术是在创新药物领域值得关注的重大技术进展之一。HCS 在保持细胞结构和功能完整性的前提下，尽可能地同时检测被筛样品对细胞生长、分化、迁移、凋亡、代谢途径及信号转导等多个环节的影响，从单一实验中获取多种相关信息，确定其生物活性和潜在毒性。从技术层面而言，HCS 是一种应用具有高分辨率的荧光数码影像系统，在细胞水平上实现检测指标多元化和功能化的筛选技术，旨在获得被筛样品对细胞产生的多维立体和实时快速的生物效应信息。应用 HCS 技术能够加速发现具有潜在开发前景的活性化合物，设定深入评价的优先次序，为构效关系研究和结构优化改造提供有力的支持。

HCS 克服了以往新药发现效率低、速度慢以及 HTS 成功率低的缺陷，使研究人员可以在新药研究早期阶段就获得活性化合物对细胞多重效应的详细数据，包括细胞毒性、代谢调节和对其他靶点的非特异性作用等，对于提高先导化合物发现速率和药物后期开发的成功率具有重要意义。因此，HCS 技术代表着创新药物研究技术发展的必然趋势，已经引起了大型制药公司的高度重视。

3. 虚拟筛选

虚拟筛选（virtual screening，VS）也称计算机筛选，即在进行生物活性筛选之前，利用计算机上的分子对接软件模拟目标靶点与候选药物之间的相互作用，计算两者之间的亲和力大小，以减少实际筛选化合物数目，同时提高先导化合物发现效率。

从原理上来讲，虚拟筛选可以分为两类，即基于受体的虚拟筛选和基于配体的虚拟筛选。基于受体的虚拟筛选从靶蛋白的三维结构出发，研究靶蛋白结合位点的特征性质以及它与小分子化合物之间的相互作用模式，根据与结合能相关的亲和性打分函数对靶蛋白和小分子化合物的结合能力进行评价，最终从大量的化合物分子中挑选出结合模式比较合理的、预测得分较高的化合物，用于后续的生物活性测试；而基于配体的虚拟筛选一般是利用已知活性的小分子化合物，根据化合物的形状相似性或药效团模型在化合物数据库中搜索能够与它匹配的化学分子结构，最后对挑选出来的化合物进行实验筛选研究。

与传统的筛选方法相比，虚拟筛选具有高效、快速、经济等优势，并成为一种与 HTS 互补的实用化学工具，融入新药研发之中。2001 年，Kurogi 等采用基于药效团的搜索软件 CATALYST 对肾小球毛细血管中的 MC（系膜细胞）增生抑制剂进行了筛选，构建了包含 7 个药效特征元素的药效团模型。利用 CATALYST 搜索了包含 47045 个分子的数据库，得到 41 个命中结构。生物活性检测显示其中 4 个化合物具有明显的 MC 增生抑制活性。国内也有学者结合虚拟筛选和高通量筛选方法寻找 Rho 激酶抑制剂，为心脑血管、神经系统等疾病的治疗和预防提供新的治疗策略。

后基因组时代的药物分子设计发展的显著特点是与计算机科学、生物学、化学以及信息科学的结合日益紧密。通过多学科协同合作，共同推动药物分子设计的迅速发展。

4. 人工智能

人工智能（AI）用于药物研发是基于计算机辅助药物设计，然后结合化学信息、生物信息中的大量数据建立优质的机器学习模型，在靶点筛选、分子结构/化学空间分析、配体-受体相互作用模拟、药物三维定量构效关系分析等过程中指导先导化合物的发现和优化。在大数据时代，通过大型化学数据库，协助寻找针对特定靶点的完美药物。

5. DNA 编码化合物库技术

DNA 编码化合物库（DEL）技术，是一种高通量筛选技术，通过将大量化合物与 DNA 标签连接，形成巨大的化合物库，然后通过化合物库与靶蛋白进行筛选，快速找到具有亲和力的化合物。

6. PROTAC 技术

PROTAC 技术是靶向蛋白质降解技术，是一种利用小分子将靶蛋白引导到泛素-蛋白酶体系统进行降解的技术，可以克服传统抑制剂存在的耐药性、毒性和不良反应等问题，实现对难成药靶点的有效干预。

7. 纳米药物技术

利用纳米材料或纳米载体，对药物进行包裹、修饰或靶向输送，提高药物的溶解度、稳定性、生物利用度和安全性，降低药物的毒性、不良反应和耐药性，为治疗各种疾病提供了新的方法。

8. 基因编辑技术

基因编辑技术通常包括基因敲入（gene knock-in）和基因敲除（gene knock-out）两种方式。基因编辑技术的出现为研究药物对机体整体的作用提供了很好的技术手段，在药物发现过程中的主要应用价值包括：①建立基于特殊疾病的整体动物模型，实现药物的体内活性筛选；②药物作用靶标的鉴定和确认；③药代动力学及药物临床前评价。

目前，转基因动物被广泛用于神经系统疾病、癌症、心血管疾病等多种疾病治疗药物的相关研究中。

9. RNA 干扰技术

RNA 干扰（RNA interference，RNAi）技术也能使体内正常基因表达发生改变。RNAi 是指将与 mRNA 对应的正义 RNA 和反义 RNA 组成的双链 RNA（dsRNA）导入细胞，诱导靶 mRNA 发生特异性的降解而导致基因沉默的现象，又称为转录后基因沉默（PTGS）。RNAi 广泛存在于植物、动物和人体内，对机体基因表达的管理、病毒感染的防护以及活跃基因的控制等生命活动均具有重要意义。1998 年，Fire 等首次报道了 RNAi 现象并对其作出科学解释。此后，RNAi 技术迅速发展并被广泛应用于基础科学研究中。RNAi 的发现解释了许多令人困惑、相互矛盾的实验观察结果，并揭示了控制遗传信息流动的自然机制，从而开启了一个全新的研究领域，为基因和蛋白质功能研究、核酸药物的分子设计、药物靶点的发现、疾病基因治疗等科学研究提供了重要手段。

10. 生物芯片技术

生物芯片（biochip）技术是指通过在微小基片（硅片或玻璃）表面固定大量的分子识别探针，或构建微分析单元或检测系统，对标记化合物、核酸、蛋白质、细胞或其他生物组分进行准确、规模化的快速筛选或检测的技术。目前，生物芯片主要包括基因芯片、蛋白质芯片、细胞芯片和组织芯片等。药物靶点发现可能是生物芯片在药物研发中应用最为广泛的一个领域，主要采用 DNA 芯片和蛋白质芯片检测某一特定基因或特定蛋白质的表达，也可检测生物体整个基因组或蛋白质组的表达情况，为发现可能的药物靶标提供有力线索。

11. 抗体 - 药物偶联技术

抗体偶联药物（antibody-drug conjugate，ADC）由抗体、化学药物和偶联剂三部分组成，现已成为肿瘤治疗用单抗药物的研究前沿和发展方向。其作用机理是通过单克隆抗体的靶向作用特异性地识别肿瘤细胞表面抗原，且使细胞毒性药物进入肿瘤细胞内而达到杀死肿瘤细胞的目的。ADC 的疗效明显优于同靶标的普通单克隆抗体，并且安全性显著提高。

ADC 的开发涉及药物靶点筛选、重组抗体制备、偶联剂应用和细胞毒性药物优化等多方面内容，其中某一环节出现问题，都会影响到安全性和有效性。ADC 产业化工艺尤其复杂，比如对于生产环境要求远高于一般生物制品的 cGMP 车间，而由于 ADC 中所含的化学药物浓度在 ng/mL 级别，其含量检测就需要借助酶联免疫吸附、质谱等高新技术手段等。因此，构建新一代稳定性偶联物、建立可靠的质量控制体系以及生产车间较大的资金投入等，成为 ADCs 药物产业化所面临的主要问题。

FDA 批准上市的 ADC 有武田制药和西雅图遗传学公司共同开发的 Adcetris、罗氏开发的 Kadcyla 等。在世界范围内，目前约有 50 个 ADC 处于临床试验开发阶段，其候选药物的数量已经超过同为"改型抗体"的双特异性抗体、抗体片段等类别。重组人源化 HER2 单抗 -MMAE 偶联剂为国内荣昌制药和荣昌生物自主开发的 ADC，2014 年 8 月获 CFDA 批准进入临床试验研究。预计未来 10 年，国际上将有 7 ～ 10 款 ADC 新品上市。由于此项技术开发主要依赖于少数几个供应商，大部分在研 ADC 均通过授权协议获得这一技术，并且会达成更多的联合开发协议。因此，开发更强效的细胞毒素和更稳定的偶联剂，对新一代 ADC 发展及质量提高至关重要。

第二节　药物研发信息资源

新药研发是一项系统性工程，涉及化合物筛选、剂型选择、制剂工艺、中试生产、质量标准、临床前药理毒理学研究及临床试验等研究内容。开展这些研究工作，三大因素必不可少：一是研发队伍，二是实验、生产设备，三是信息资源。其中，查阅文献、进行信息整理并参考有用的信息，贯穿于整个新药研发的全过程。美国国家科学基金会（National Science Foundation，NSF）的统计资料显示，在新药研究过程中，计划思考的时间约占 8%，查阅文献的时间约占 51%，实验研究的时间约占 32%，撰写新药资料及申报的时间约占 9%。

药学信息检索是医学信息检索的一部分，检索的原理、方法以及使用的数据库与医学信息检索相似。但因其特有的专业属性，在检索文献信息时，还需要利用一些包含特殊内容的专业数据库。比如在进行新药的工艺、质量研究时，就会遇到质量分析方法的选择、制剂工艺的优化等问题，解决的一般方法是先查阅相关的文献，从中整理出有用的信息加以借鉴，再进行下一步的实验研究。当然，文献浩如烟海，文献质量良莠不齐，找到高质量的目标文献往往需要耗费大量的时间和精力。

因此，合理利用药学信息，提高文献检索技术，是新药研究工作者必须掌握的基本技能。

一、索引和文摘

1. PubMed

PubMed 由美国国家医学图书馆附属国立生物技术信息中心开发，是生物医学文献检索系统，以文摘型数据为主。PubMed 是一个免费的搜索引擎，提供生物医学方面的论文检索及摘要。其数据库来源为 MEDLINE，核心主题为医学，但亦包括其他与医学相关的领域，如护理学或其他健康学科。此外，PubMed 也提供相关的生物医学资讯，如生物化学与细胞生物学资讯。

2.《中国药学文摘》

由 NMPA 信息中心编辑出版，是检索中文药学方面文献的重要检索工具。《中国药学文摘》创刊于 1982 年，月刊，每期有索引（包括主题索引和外文名索引），每年一卷，卷末单独出版一期卷索引（包括著者索引、主题索引和外文名索引），索引均以主题词的汉语拼音或英文药名的英文字母顺序排列，各主题词或药名项下附有说明词及文摘号，可以引导读者根据文摘号查出相关文摘。其以计算机界面的中文药学文献数据库为基础，收集了国内 700 多种医药期刊以及会议论文和部分内部刊物的资料，以文摘、题录等形式报道。《中国药学文摘》数据库拥有 30 余万条数据，以每年 28000 多条的速度递增，内容丰富，查询方便。

3. 中国生物医学文献数据库

中国生物医学文献数据库（CBM）由中国医学科学院医学信息研究所开发，收录 1978 年至今所有公开出版发行的医药文献资料，涉及基础医学、临床医学、预防医学、药学、中医中药学等生物医学各学科领域。包含 1600 多种中国期刊、汇编、会议论文的文献题录 530 余万篇，所有题录均进行了主题标引和分类标引等规范化加工处理。每月更新一次，年增文献 40 余万篇。

二、学术期刊

1. 国际期刊

在 JCR（2017）数据库中，药学类期刊共有 261 种，其中的 28 种药理和药学期刊如表 1-2 所示。

表 1-2　SCI 收载的综合性药学期刊

编号	期刊名称	出版国家	影响因子	分区
1	*Journal of Controlled Release*	美国	7.877	Q1
2	*Molecular Pharmaceutics*	美国	4.556	Q1
3	*British Journal of Pharmacology*	英国	6.81	Q1
4	*Journal of Natural Products*	美国	3.885	Q2
5	*Drug Delivery*	美国	3.095	Q2
6	*Phytomedicine*	德国	3.61	Q2
7	*European Journal of Pharmaceutics and Biopharmaceutics*	荷兰	4.491	Q2
8	*International Journal of Pharmaceutics*	荷兰	3.862	Q2
9	*European Journal of Pharmaceutical Sciences*	荷兰	3.466	Q2
10	*Acta Pharmacologica Sinica*	中国	3.562	Q2
11	*Asian Journal of Pharmaceutical Sciences*	中国	4.56	Q2
12	*Pharmaceutical Research*	德国	3.335	Q3
13	*AAPS Pharmscitech*	美国	2.666	Q3
14	*Archives of Pharmacal Research*	韩国	2.33	Q3
15	*Journal of Pharmacy and Pharmacology*	英国	2.309	Q3
16	*Journal of Pharmaceutical and Biomedical Analysis*	荷兰	2.831	Q3
17	*Journal of Pharmaceutical Sciences*	美国	3.075	Q3
18	*Planta Medica*	美国	2.494	Q3
19	*Annals of Pharmacotherapy*	美国	2.765	Q3
20	*Phytotherapy Research*	美国	3.349	Q3
21	*Drug Development Research*	美国	2.646	Q3
22	*Archiv der Pharmazie*	荷兰	2.288	Q4
23	*Die Pharmazie*	德国	1.016	Q4

续表

编号	期刊名称	出版国家	影响因子	分区
24	*Arzneimittel-Forschung /Drug Research*	瑞士	0.79	Q4
25	*Drug Development and Industrial Pharmacy*	美国	1.883	Q4
26	*Pharmaceutical Biology*	荷兰	1.918	Q4
27	*Biopharmaceutics and Drug Disposition*	英国	1.677	Q4
28	*Biopharmaceutics and Drug Disposition*	日本	1.258	Q4

2. 国内期刊

目前国内各类药学专业科技期刊有 100 余种，涉及药物化学、生物药物学、微生物药物学、放射性药物学、药剂学、药效学、药物管理学、药物统计学 8 个学科；涉及临床用药的国内医药期刊 200 余种。表 1-3 中列举了部分国内药学中文核心期刊。

表 1-3 国内部分药学中文核心期刊

编号	期刊名称	主办单位	分类
1	《药学学报》	中国药学会、中国医学科学院药物研究所	综合
2	《中国药理学通报》	中国药理学会	药效学
3	《沈阳药科大学学报》	沈阳药科大学	综合
4	《中国药学杂志》	中国药学会	综合
5	《中国药科大学学报》	中国药科大学	综合
6	《中国医院药学杂志》	中国药学会	综合
7	《药物分析杂志》	中国药学会	药物分析
8	《华西药学杂志》	四川大学、四川省药学会	综合
9	《中国海洋药物杂志》	中国药学会	综合
10	《中国新药杂志》	中国医药科技出版社、中国医药集团总公司、中国药学会	综合
11	《中国新药与临床杂志》	中国药学会、上海市药品监督管理局科技情报研究所	药效学
12	《中国临床药理学杂志》	中国药学会	药效学
13	《中国医药工业杂志》	上海医药工业研究院、中国化学制药工业协会	综合

续表

编号	期刊名称	主办单位	分类
14	《中国中药杂志》	中国药学会	药物化学
15	《中草药》	中国药学会、天津药物研究院	药物化学
16	《中成药》	国家市场监督管理总局、 信息中心中成药信息站	药剂学

三、专利文献数据库

药品专利文献检索是新药研发过程中必不可少的环节。在新药研发过程中，检索药品专利文献时应注意，仅仅拥有保护期满的专利药品名称或专利号信息是不够的，需要进行进一步技术信息分析。以下介绍常用的药品专利检索资源及数据库。

1. 中国专利信息中心

中国专利信息中心为国家知识产权局直属的单位，是国家大型的专利信息服务机构。该中心提供了自1985年以来的专利摘要以及专利说明书全文等内容，每周更新一次。

中国专利数据库由国家知识产权局和中国专利信息中心开发并提供服务，该系统收录了自1985年中国实施专利制度以来的全部中国专利文献，具有较高的权威性，是国内最优秀的专利数据库检索系统之一（http://www.cnpat.com.cn/）。其分为发明专利、实用新型专利、外观设计专利三个子库，进一步按照国际专利分类（IPC分类）和国际外观设计分类法分类。检索方式有基本检索、IPC分类检索、关键词检索及法律状态检索。

2. 其他专利搜索渠道

欧洲专利局 （http://www.european-patent-office.org/）

美国专利商标局 （http://www.uspto.gov/）

世界知识产权数字图书馆 （http://www.wipo.int/ipdl/）

四、综合性文献数据库

1. MEDLINE

美国国家医学图书馆 （the National Library of Medicine，NLM）提供

的国际性综合生物医学信息书目数据库，是当前国际上最权威的生物医学文献数据库之一。内容包括美国《医学索引》的全部内容和《牙科文献索引》《国际护理索引》的部分内容，涉及基础医学、临床医学、环境医学、营养卫生、职业病学、卫生管理、医疗保健、微生物、药学、社会医学等领域。

2. 中文科技期刊数据库（维普）

由重庆维普资讯有限公司开发研制，收录了 1989 年至今（部分期刊追溯到创刊年 1955 年）的文献，期刊总数累计 12000 余种，其中核心期刊 1810 种，医药卫生期刊 1973 种，文献总量达 3000 万篇以上，并按每年 260 余万篇的数量递增。中心网站每周更新，学科范围涉及社会科学、自然科学、工程技术、农业科学、医药卫生、经济管理、教育科学和图书情报八大专辑。

3. 中国数字化期刊数据群

中国数字化期刊群是万方知识服务平台旗下的核心期刊数据库之一，由中国科技信息研究所开发制作。收录了 1998 年以来 8000 余种各学科领域核心期刊及学位论文，论文总数量达 1680 余万篇，每年约增加 200 万篇，每周更新两次。期刊按学科分基础科学、工业技术、农业科学、医药卫生、哲学政法、经济财政、社会科学与教科文艺 8 大类。提供全文检索和在线阅读服务，支持基金项目检索、引文追踪，它是国内重要的学术资源平台，广泛应用于科研、教育、企业研发等领域。

4. CNKI 数据库

即中国知识基础设施工程（China National Knowledge Infrastructure，CNKI），由清华大学、清华同方发起，始建于 1999 年 6 月。CNKI 是以实现全社会知识资源传播共享与增值利用为目标的信息化建设项目。CNKI 以学科分类为基础，兼顾用户对文献的使用习惯，将数据库中的文献分为十个专辑，每个专辑细分为若干专题，共 168 个专题。

基于对文献内容的详细标引，CNKI 文献搜索提供了对标题、作者、关键词、摘要、全文等数据项的搜索功能；文献搜索还提供了多种智能排序算法。相关度排序考虑了文献引用关系、全文内容、文献来源等多种因素，使排序结果更合理。被引频次排序是根据文献的被引频次进行排序；期望被引排序是通过分析文献过去被引用的情况，预测未来可能受到关注的程度；作者指数排序根据作者发文数量、文献被引用率、发文影响因子等评价作者的学术影响力，并据此对文献进行排序。

五、常用药学工具书

1.《中国药学年鉴》

《中国药学年鉴》是一部连续记载我国药学领域发展概貌和重要成就的大型编年史册，1982 年由卫生部支持创刊，中国药科大学牵头组织全国著名药学专家编纂，中国工程院彭司勋院士曾担任主编。

《中国药学年鉴》是涵盖我国药学领域各个方面的药学综合性年刊，内容包括专论、药学研究、新药研发、药学教育、药品生产与流通、医院药学、药品监管、人物、书刊、学会与学术活动、大事记等。创刊 30 年来，《中国药学年鉴》以其密集的信息、翔实的年报统计资料，深受读者的欢迎和喜爱，成为医药单位不可或缺的馆藏书目，是医药工作者常备常考的工具书。

2.《中国药典》

《中华人民共和国药典》（简称《中国药典》）是中国政府为保证人民用药安全有效、质量可控而制定的技术规范，是药品生产、供应、使用单位及药品检验机构和监督管理部门共同遵循的法定依据。《中国药典》是国家药品标准的重要组成部分，是国家药品标准体系的核心。1953 年我国颁布第 1 版《中国药典》，新颁布的 2025 年版《中国药典》为第 12 版药典。

3.《美国药典 / 国家处方集》

《美国药典 / 国家处方集》（U.S. Pharmacopeia/National Formulary，USP/NF），由美国药典委员会编写。USP 是美国政府对药品质量标准和检定方法作出的技术规定，也是药品生产、使用、管理、检验的法律依据。NF 收载了 USP尚未收入的新药和新制剂。

USP 第 1 版于 1820 年出版，每年进行内容更新（增补），每 5 年左右出版一个新版本。到 2023 年，已出版至第 47 版（具体版本号需根据最新出版信息确认）。NF 第 1 版于 1883 年出版。从 1980 年的第 15 版起，《国家处方集》（NF）并入《美国药典》（USP），合并后的出版物仍保持两部分：前面为 USP，后面为 NF。

美国药典正文药品名录分别按法定药名字母顺序排列，各药品条目大都列有药名、结构式、分子式、CAS 登录号、成分和含量说明、包装和贮藏规格、鉴定方法、干燥失重、炽灼残渣、检测方法等常规项目，还有对各种药品进行测试的方法和要求的通用章节及对各种药物的一般要求的通则。

4.《欧洲药典》

《欧洲药典》（European Pharmacopeia，EP）由欧洲药品质量管理局（European Directorate for the Quality of Medicines，EDQM）负责出版和发行，是欧洲药品质量检测的重要指导文献之一。所有药品和药用底物的生产厂家在欧洲范围内推销和使用的过程中，必须遵循《欧洲药典》的质量标准。EP11.0为《欧洲药典》最新版本，于 2023 年发布。EP11.1 是 EP11.0 的增补版本，通常包含对 EP11.0 的修订和补充内容，以反映最新的法规和技术标准。

第二章

药品注册申报

- - - - -

药品注册，是指申请人依照法定程序和相关要求提出药品注册申请，药品监督管理部门基于现有法律法规和科学认知进行安全性、有效性和质量可控性等审查，作出是否同意其申请的过程。《药品注册管理办法》要求切实执行 GLP、GCP、GMP 及各项研究技术指导原则等药品注册标准，并确立了注册申请、审评审批等管理制度和程序。

申请药品注册应提供真实、充分、可靠的数据资料和样品，证明药品的安全性、有效性和质量可控性。药品研制和注册活动应遵守法律、法规、规章、标准和规范，保证全过程信息真实、准确、完整和可追溯；参照现行的有关技术指导原则按程序开展，采用其他评价方法和技术则需要证明其科学性、适用性。境外研究资料和数据应来源于符合 ICH 通行原则的研究机构或实验室，并符合我国药品注册法规以及相应指导原则的要求。

第一节　药品注册分类及流程

一、药品注册分类

1. 中药、化学药和生物制品注册申请

药品注册按照中药、化学药和生物制品等进行分类注册管理。

（1）中药注册分类　中药是指在我国中医药理论指导下使用的药用物质及其制剂。中药注册按照中药创新药、中药改良型新药、古代经典名方中药复方

制剂、同名同方药等进行分类，见表 2-1。

表 2-1 中药注册分类

主要类别	注册分类	具体定义
中药创新药	1	处方未在国家药品标准、药品注册标准及国家中医药主管部门发布的《古代经典名方目录》中收载，具有临床价值，且未在境外上市的中药新处方制剂
	1.1	中药复方制剂，系指由多味饮片、提取物等在中医药理论指导下组方而成的制剂
	1.2	从单一植物、动物、矿物等物质中提取得到的提取物及其制剂
	1.3	新药材及其制剂，即未被国家药品标准、药品注册标准以及省、自治区、直辖市药材标准收载的药材及其制剂，以及具有上述标准药材的原动、植物新的药用部位及其制剂
中药改良型新药	2	指改变已上市中药的给药途径、剂型、生产工艺或辅料等，且具有临床应用优势和特点，或增加功能主治等的制剂，细分为 2.1～2.4 类
古代经典名方中药复方制剂	3	古代经典名方是指符合《中华人民共和国中医药法》规定的，至今仍广泛应用、疗效确切、具有明显特色与优势的古代中医典籍所记载的方剂。古代经典名方中药复方制剂源于古代经典名方，包括按古代经典名方目录管理的，以及其他来源于古代经典名方的中药复方制剂，细分为 3.1 和 3.2 类
同名同方药	4	通用名称、处方、剂型、功能主治、用法及日用饮片量与已上市中药相同，且在安全性、有效性、质量可控性方面不低于该已上市中药的制剂
天然药物		在现代医药理论指导下使用的天然药用物质及其制剂，参照中药注册分类
其他情形		主要指境外已上市境内未上市的中药、天然药物制剂

（2）化学药注册分类 化学药注册分类分为创新药、改良型新药、仿制药、境外已上市境内未上市化学药 5 个类别，见表 2-2。

表 2-2 化学药注册分类

注册分类	分类说明	包含的情形
1	境内外均未上市的创新药	含有新的结构明确的、具有药理作用的化合物，且具有临床价值的原料药及其制剂
2	境内外均未上市的改良型新药	2.1 含有用拆分或者合成等方法制得的已知活性成分的旋光异构体，或者对已知活性成分成酯，或者对已知活性成分成盐（包括含有氢键或配位键的盐），或者改变已知盐类活性成分的酸根、碱基或金属元素，或者形成其他非共价键衍生物（如络合物、螯合物或包合物），且具有明显临床优势的原料药及其制剂

续表

注册分类	分类说明	包含的情形
2	境内外均未上市的改良型新药	2.2 含有已知活性成分的新剂型（包括新的给药系统）、新处方工艺、新给药途径，且具有明显临床优势的制剂
		2.3 含有已知活性成分的新复方制剂，且具有明显临床优势
		2.4 含有已知活性成分的新适应证的制剂
3	仿制境外上市但境内未上市原研药品的药品	具有与原研药品相同的活性成分、剂型、规格、适应证、给药途径和用法用量的原料药及其制剂。该类药品应与参比制剂的质量和疗效一致
4	仿制境内已上市原研药品的药品	具有与原研药品相同的活性成分、剂型、规格、适应证、给药途径和用法用量的原料药及其制剂。该类药品应与参比制剂的质量和疗效一致
5	境外上市的药品申请在境内上市	5.1 境外上市的原研药品和改良型药品（包括原料药及其制剂）申请在境内上市
		5.2 境外上市的非原研药品（包括原料药及其制剂）申请在境内上市

其中，原研药品是指境内外首个获准上市，且具有完整和充分的安全性、有效性数据作为上市依据的药品，参比制剂是指经国家药品监管部门评估确认的仿制药研制使用的对照药品。参比制剂的遴选与公布按照国家药品监管部门相关规定执行。

（3）生物制品注册分类　生物制品是指以微生物、细胞、动物或人源组织和体液等为起始原材料，用生物学技术制成，用于预防、治疗和诊断人类疾病的制剂。为规范生物制品注册申报和管理，将生物制品分为预防用生物制品、治疗用生物制品和按生物制品管理的体外诊断试剂，见表2-3。药品注册分类在提出上市申请时确定，审评过程中不因其他药品在境内外上市而变更。

表 2-3　生物制品注册分类

注册分类	分类的说明	包含的情形
1 类	预防用生物制品	创新型疫苗：境内外均未上市的疫苗（进一步可细分为 1.1、1.2、1.3、1.4 类）
2 类		改良型疫苗：对境内或境外已上市疫苗产品进行改良，使新产品在安全性、有效性、质量可控性方面有所改进，且具有明显优势的疫苗（进一步可细分为 2.1、2.2、2.3、2.4、2.5、2.6 类）
3 类		境内或境外已上市的疫苗（进一步可细分为 3.1、3.2、3.3 类）

注册分类	分类的说明	包含的情形
1 类	治疗用生物制品	创新型生物制品：境内外均未上市的治疗用生物制品
2 类		改良型生物制品：对境内或境外已上市产品进行改良，使新产品的安全性、有效性、质量可控性有改进，具有明显优势的治疗用生物制品；新增适应证的治疗用生物制品（进一步可细分为 2.1、2.2、2.3、2.4 类）
3 类		境内或境外已上市生物制品（进一步可细分为 3.1、3.2、3.3、3.4 类）
1 类	按生物制品管理的体外诊断试剂	创新型体外诊断试剂
2 类		境内外已上市的体外诊断试剂

2. 我国药品注册申请

药品按其来源和标准分为新药、仿制药和进口药品。药品品种范畴差别很大，对其研究的内容、技术要求和审评重点也各不相同。为了保证药品研究质量，同时又能提高新药研制的投入和产出的效率，我国采用药品注册进行分类审批管理的办法。我国药品注册申请包括新药申请、仿制药申请、进口药品申请，以及补充申请、再注册申请。

（1）新药申请　新药申请（new drug application NDA）是指未曾在中国境内外上市销售的药品的临床试验或上市申请。其中，改良型新药注册申请，是指对已上市药品改变剂型、改变给药途径、增加新适应证等且具有明显临床优势的注册申请。

（2）仿制药申请　仿制药申请是指生产与已上市原研药品或参比制剂安全、质量和疗效一致的药品的申请。

（3）进口药品申请　进口药品申请是指在境外生产的药品在中国境内上市销售的注册申请。

（4）补充申请　补充申请是指药品上市许可申请经批准后，改变、增加或者取消原批准相关事项或者内容的注册申请。

（5）再注册申请　再注册申请是指药品批准证明文件有效期满后，上市许可持有人拟继续持有该药品的注册申请。

完成药品注册工作可以取得相应的药品批准文号。

二、药品注册具体流程

药品注册申请人是指提出药品注册申请并承担相应法律责任的机构。《中华人民共和国药品管理法》（以下简称《药品管理法》）明确规定我国实施药品上市许可持有人制度。药品注册申请人包括境内申请人和境外申请人。在具体的药品注册申报过程中，药品注册申请人的主要工作就是准备药品注册资料，以及按照注册流程要求完成注册工作。药品注册申请人应按照《药品注册管理办法》《药品注册申报资料的体例与整理规范》等有关规定填写申请表，并准备申报资料。

1. 药品注册资料要求

《药品注册管理办法》附件中将药品按照化学药品、生物制品、中药和天然药物分别进行分类，对各类药品申请注册时应提交的研究资料分门别类作出规定。

（1）化药注册申报资料要求　化药注册申请人提出药物临床试验、药品上市注册及化学原料药申请，应按照国家药品监管部门公布的相关技术指导原则的有关要求开展研究，并按照现行版《M4：人用药物注册申请通用技术文档（CTD）》（common technical document，以下简称 CTD）格式编号及项目顺序整理并提交申报资料。不适用的项目可合理缺项，但应标明不适用并说明理由；申请人在完成临床试验提出药品上市注册申请时，应在 CTD 基础上提交电子临床试验数据库，数据库格式以及相关文件等具体要求见临床试验数据递交相关指导原则；国家药监局药审中心将根据药品审评工作需要，结合 ICH 技术指导原则修订情况，及时更新 CTD 文件并在中心网站发布。

（2）生物制品注册申报资料要求　证明性文件参考相关受理审查指南。对疫苗临床试验申请及上市注册申请，申请人应当按照 CTD 撰写申报资料。申报资料具体内容除应符合 CTD 格式要求外，还应符合不断更新的相关法规及技术指导原则的要求。申请人在完成临床试验提出药品上市注册申请时，应在 CTD 基础上以光盘形式提交临床试验数据库。数据库格式及相关文件等具体要求见临床试验数据递交相关指导原则。按规定免做临床试验的肌内注射的普通或者特异性人免疫球蛋白、人血白蛋白等，可以直接提出上市申请。此外，生物制品类体内诊断试剂按照 CTD 撰写申报资料。

（3）中药注册申报资料要求　中药注册申请人需要基于不同注册分类、不同申报阶段以及中药注册受理审查指南的要求提供相应资料。申报资料应按照项目编号提供，对应项目无相关信息或研究资料，项目编号和名称也应保留，可在项下注明"无相关研究内容"或"不适用"。如果申请人要求减免资料，应当充分说明理由。申报资料的撰写还应参考相关法规、技术要求及技术指导原则的相关规定。境外生产药品提供的境外药品管理机构证明文件及全部技术资料应当是中文翻译文本并附原文。天然药物制剂申报资料项目按照《中药注册分类及申报资料要求》的要求，技术要求按照天然药物研究技术要求。天然药物的用途以适应证表述。境外已上市境内未上市的中药、天然药物制剂参照中药创新药提供相关研究资料。

2. 新药注册流程及要求

对于新药申请人来说，需要注意的是多个单位联合研制的新药，应当由其中的一个单位申请注册，其他单位不得重复申请；需要联合申请的，应当共同署名作为该新药的申请人。新药申请获得批准后，每个品种，包括同一品种的不同规格，只能由一个单位生产。新药的注册申报是新药上市前的重要步骤，其流程可以简单概括为：前期准备→申报材料准备→递交注册申请→审评和审批→监管和跟踪。新药注册申报与审批，分为临床试验申报审批和生产上市申报审批两个阶段。两次申报与审批均要经过形式审查和研制（临床试验）现场核查，以及国家药品监督管理局药品审评中心技术（CDE）审评并提出技术审评意见，最终由国务院药品监督管理部门审批。

（1）新药临床研究申报与审批　药物临床试验是指以药品上市注册为目的，为确定药物安全性与有效性在人体开展的药物研究。药物临床试验分为 Ⅰ 期临床试验、Ⅱ 期临床试验、Ⅲ 期临床试验、Ⅳ 期临床试验以及生物等效性试验。根据药物特点和研究目的，研究内容包括临床药理学研究、探索性临床试验、确证性临床试验和上市后研究。药物临床试验应当在具备相应条件并按规定备案的药物临床试验机构开展。其中，疫苗临床试验应当由符合国家药品监督管理局和国家卫生健康委员会规定条件的三级医疗机构或者省级以上疾病预防控制机构实施或者组织实施。申请人完成支持药物临床试验的药学、药理毒理学等研究后，提出药物临床试验申请的，应当按照申报资料要求提交相关研究资料。经形式审查，申报资料符合要求的，予以受理。药品审评中心应当组织药学、医学和其他技术人员对已受理的药物临床试验申请进行审评。对药物临床试验申请应当自受理之日起六十日内决定是否同意开展，并通过药品审评中心网站通知申请人审批结果；逾期未通知的，视为同意，申请人可以按照提交的方案开展药物临床试验。申请人获准开展药物临床试验的为药物临床试验申办者（以下简称申办者）。申请人拟开展生物等效性试验的，应当按照要求在药品审评中心网站完成生物等效性试验备案后，按照备案的方案开展相关研究工作。开展药物临床试验，应当经伦理委员会审查同意。药物临床试验用药品的管理应当符合药物临床试验质量管理规范的有关要求。获准开展药物临床试验的，申办者在开展后续分期药物临床试验前，应当制定相应的药物临床试验方案，经伦理委员会审查同意后开展，并在药品审评中心网站提交相应的药物临床试验方案和支持性资料。获准开展药物临床试验的药物拟增加适应证（或者功能主治）以及增加与其他药物联合用药的，申请人应当提出新的药物临床试验申请，经批准后方可开展新的药物临床试验。获准上市的药品增加适应证（或者功能主治）需要开展药物临床试验的，应当提出新的药物临床试验申请。新药临床试验具体申报与审批程序见图2-1。

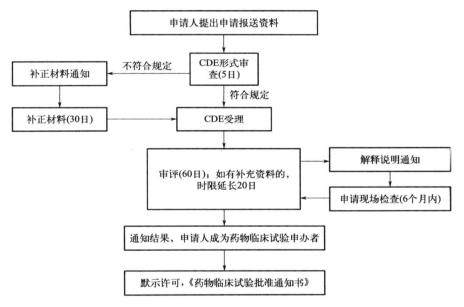

图 2-1 新药临床试验申报与审批程序

　　申请人在完成支持药品上市注册的药学、药理毒理学和药物临床试验等研究，确定质量标准，完成商业规模生产工艺验证，并做好接受药品注册核查检验的准备后，提出药品上市许可申请，按照申报资料要求提交相关研究资料。经对申报资料进行形式审查，符合要求的，予以受理。新药生产上市申报与审批具体程序见图2-2。

　　（2）新药注册审批要求　新药注册审批的要求主要有以下几点。①新药审批期间的注册分类和技术要求。在新药审批期间，新药的注册分类和技术要求不因相同活性成分的制剂在国外获准上市而发生变化，不因国内药品生产企业申报的相同活性成分的制剂在我国获准上市而发生变化。②补充资料的规定。药品注册申报资料应当一次性提交，药品注册申请受理后不得自行补充新的技术资料；进入特殊审批程序的注册申请或者涉及药品安全性的新发现，以及按要求补充资料的除外。申请人认为必须补充新的技术资料的，应当撤回其药品注册申请。申请人重新申报的，应当符合《药品注册管理办法》有关规定且尚无同品种进入新药监测期。③样品管理。新药申请所需的样品，应当在取得《药品生产质量管理规范》认证证书的车间生产；新开办药品生产企业、药品生产企业新建药品生产车间或者新增生产剂型的，其样品的生产过程必须符合《药品生产质量管理规范》的要求。

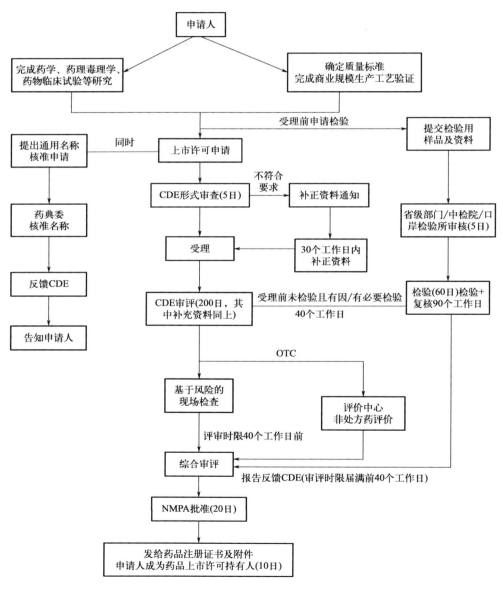

图 2-2　新药生产上市申报与审批程序

（3）新药注册特殊审批 为鼓励研究创制新药，有效控制风险，国家食品药品监督管理局于 2009 年 1 月 7 日印发了《新药注册特殊审批管理规定》，对符合下列情形的药品注册申请可以实行特殊审批：①未在国内上市销售的从植物、动物、矿物等物质中提取的有效成分及其制剂，新发现的药材及其制剂；②未在国内外获准上市的化学原料药及其制剂、生物制品；③治疗艾滋病、恶性肿瘤、罕见病等疾病且具有明显临床治疗优势的新药；④治疗尚无有效治疗手段的疾病的新药。主治病证未在国家批准的中成药【功能主治】中收载的新药，可以视为尚无有效治疗手段的疾病的新药。

对符合规定的药品，申请人在药品注册过程中可以提出特殊审批的申请，由国家药品监督管理部门药品审评中心组织专家会议讨论确定是否实行特殊审批。根据申请人的申请，国务院药品监督管理部门对经审查确定符合特殊审批情形的注册申请，在注册过程中予以优先办理，并加强与申请人的沟通交流。

申请人申请特殊审批，应填写《新药注册特殊审批申请表》，并提交相关资料。《新药注册特殊审批申请表》和相关资料单独立卷，与《药品注册管理办法》规定的申报资料一并报送药品注册受理部门。属于前两项情形的，药品注册申请人可以在提交新药临床试验申请时提出特殊审批的申请。属于后两项情形的，申请人在申报生产时方可提出特殊审批的申请。

3. 仿制药注册流程及要求

仿制药申请人应当是药品生产企业，其申请的药品应当与《药品生产许可证》载明的生产范围一致。仿制药应当与被仿制药具有同样的活性成分、给药途径、剂型、规格和相同的治疗作用。已有多家企业生产的品种，应当参照有关技术指导原则选择被仿制药进行对照研究。为提高仿制药质量，2015 年国务院在《关于改革药品医疗器械审评审批制度的意见》中提出，仿制药审评审批要以原研药品作为参比制剂，确保新批准的仿制药质量和疗效与原研药品一致。已确认存在安全性问题的上市药品，国务院药品监督管理部门可以决定暂停受理和审批其仿制药申请。

（1）仿制药申报与审批程序 仿制药申报与审批程序与新药相似，若需开展临床研究，也需经过临床研究申报与审批和生产上市申报与审批两个阶段。每个阶段经形式审查和研制（临床试验）现场核查，药品审评中心进行技术审评并提出技术审评意见，最终由国务院药品监督管理部门审批，见图 2-3。

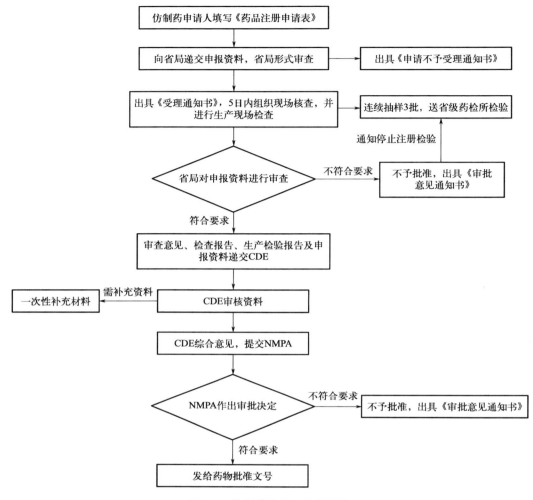

图 2-3　仿制药申报与审批程序

（2）仿制药一致性评价　2015 年 8 月，国务院启动药品医疗器械审评审批制度改革，其中推进仿制药质量和疗效一致性评价是改革的重点任务之一。2016 年 3 月 5 日，国务院办公厅印发的《关于开展仿制药质量和疗效一致性评价的意见》（国办发〔2016〕8 号）正式对外公布，标志着我国已上市仿制药质量和疗效一致性评价工作全面展开。随后，国家食品药品监督管理总局出台《关于发布仿制药质量和疗效一致性评价工作程序的公告》（2016 年第 105 号）等一系列文件。2016 年 5 月 26 日，总局又发布了《关于落实〈国务院办公厅关于开展仿制药质量和疗效一致性评价的意见〉有关事项的公告》（2016 年第 106 号），对仿制药一致性评价工作进行了部署。

药品生产企业是开展一致性评价的主体。对仿制药品（包括进口仿制药品），应参照《普通口服固体制剂参比制剂选择和确定指导原则》（国家食品药品监督管理总局公告 2016 年第 61 号），选择参比制剂，以参比制剂为对照药品全面深入地开展比对研究。仿制药品需开展生物等效性研究的，按照《国家食品药品监督管理总局关于化学药生物等效性试验实行备案管理的公告》（2015 年第 257 号）进行备案。对未开展一致性评价而变更处方、工艺等已获批准事项的仿制药品（包括进口仿制药品），应参照《药品注册管理办法》的有关要求，提出补充申请，按照规定程序执行。其他补充申请，按照《药品注册管理办法》的有关规定执行。

仿制药一致性评价的主要程序如下。

① 资料的提交和申报。完成一致性评价研究后，国产仿制药生产企业向企业所在地省级药品监督管理部门提交和申报有关资料。未改变处方工艺的，提交《仿制药质量和疗效一致性评价申请表》、生产现场检查申请和研究资料（四套，其中一套为原件）；改变处方工艺的，参照药品注册补充申请的要求，申报《药品补充申请表》、生产现场检查申请和研究资料。已在中国上市的进口仿制药品按照上述要求，向国家药品监督管理局行政事项受理服务和投诉举报中心（以下简称受理中心）提交和申报一致性评价有关资料。

② 资料的接收和受理。省级药品监督管理部门负责本行政区域内一致性评价资料的接收和补充申请资料的受理，并对申报资料进行形式审查。符合要求的，出具一致性评价申请接收通知书或补充申请受理通知书；不符合要求的，出具一致性评价申请不予接收通知书或补充申请不予受理通知书，并说明理由。省级药品监督管理部门对申报资料形式审查后，组织研制现场核查和生产现场检查，现场抽取连续生产的三批样品连同申报资料（一套，复印件）送国家药品监督管理局仿制药质量一致性评价办公室（以下简称一致性评价办公室）指定的药品检验机构进行复核检验。受理中心负责进口仿制药品的一致性评价资料的接收和补充申请资料的受理，并对申报资料进行形式审查。符合要求的，出具一致性评价申请接收通知书或补充申请受理通知书；不符合要求的，出具一致性评价申请不予接收通知书或补充申请不予受理通知书，并说明理由。受理中心对申报资料形式审查后，将申报资料（一套，复印件）送国家药品监督管理局药品审核查验中心（以下简称核查中心），由核查中心组织对进口仿制药品境外研制现场和境外生产现场进行抽查；将申报资料（一套，复印件）送一致性评价办公室指定的药品检验机构，并通知企业送三批样品至指定的药品检验机构进行复核检验。

③ 临床试验数据核查。对生物等效性试验和临床有效性试验等临床研究数据的真实性、规范性和完整性的核查，由核查中心负责总体组织协调。其中对申请人提交的国内仿制药品的临床研究数据，由省级药品监督管理部门进行核查，核查中心进行抽查；对申请人提交的进口仿制药品的国内临床研究数据，由核查中心进行核查；对申请人提交的进口仿制药品的国外临床研究数据，由核查中心进行抽查。一致性评价办公室可根据一致性评价技术评审过程中发现的问题，通知核查中心开展有因核查。

④ 药品复核检验。承担一致性评价和补充申请复核检验的药品检验机构，收到申报资料和三批样品后进行复核检验，并将国内仿制药品的复核检验结果报送药品生产企业所在地省级药品监督管理部门；进口仿制药品的复核检验结果报送受理中心。

⑤ 资料汇总。各省级药品监督管理部门将形式审查意见、研制现场核查报告、生产现场检查报告、境内临床研究核查报告、复核检验结果及申报资料进行汇总初审，并将初审意见和相关资料送交一致性评价办公室。受理中心对进口仿制药品的申报资料进行形式审查，将形式审查意见、境内研制现场核查报告、境内临床研究核查报告、复核检验结果及申报资料进行汇总初审，并将初审意见和相关资料送交一致性评价办公室。由核查中心开展的国内仿制药品的境内抽查、进口仿制药品的境外检查和境外核查的结果，及时转交一致性评价办公室。

⑥ 技术评审。一致性评价办公室组织药学、医学及其他技术人员，对初审意见、药品研制现场核查报告、药品生产现场检查报告、境内临床研究核查报告、已转交的境外检查和核查报告、药品复核检验结果和申报资料进行技术评审，必要时可要求申请人补充资料，并说明理由。一致性评价办公室形成的综合意见和补充申请审评意见，均提交专家委员会审议。审议通过的品种，报国家药品监督管理局发布。

⑦ 结果公告与争议处理。国家药品监督管理局对通过一致性评价的结果信息，及时向社会公告。申请人对国家药品监督管理局公告结果有异议的，可以参照《药品注册管理办法》复审的有关要求，提出复审申请，并说明理由，由一致性评价办公室组织复审，必要时可公开论证。

4. 进口药品注册流程及要求

（1）申请进口的药品的要求　申请进口的药品，应当获得境外制药厂商所在生产国家或者地区的上市许可；未在生产国家或者地区获得上市许可，但经国务院药品监督管理部门确认该药品安全、有效而且临床需要的，可以批准进口；申请进口的药品，其生产应当符合所在国家或者地区《药品生产质量管理规范》及中国《药品生产质量管理规范》的要求；申请进口药品制剂，必须提供直接接触药品的包装材料和容器合法来源的证明文件、用于生产该制剂的原料药和辅料合法来源的证明文件。原料药和辅料尚未取得国务院药品监督管理部门批准的，应当报送有关生产工艺、质量指标和检验方法等规范的研究资料。

（2）进口药品的申报与审批程序 进口药品的申报与审批与新药审批程序相似，所不同之处，一是直接向国务院药品监督管理部门申请；二是中国食品药品检定研究院承担样品检验和标准复核；三是批准后所发证明文件是《进口药品注册证》。中国香港、澳门和台湾地区的制药厂商申请注册的药品，参照进口药品注册申请的程序办理，符合要求的，发给《医药产品注册证》。国务院药品监督管理部门在批准进口药品的同时，发布经核准的进口药品注册标准和说明书。

（3）进口药品分包装的申报与审批 进口药品分包装，是指药品已在境外完成最终制剂过程，在境内由大包装改为小包装，或者对已完成内包装的药品进行外包装，放置说明书、粘贴标签等。申请进口药品分包装，应当符合下列要求：①申请进行分包装的药品应已取得《进口药品注册证》或者《医药产品注册证》；②该药品应当是中国境内尚未生产的品种，或者虽有生产但是不能满足临床需要的品种；③同一制药厂商的同一品种应当由一个药品生产企业分包装，分包装的期限不得超过《进口药品注册证》或者《医药产品注册证》的有效期；④除片剂、胶囊外，分包装的其他剂型应当已在境外完成内包装；⑤接受分包装的药品生产企业，应当持有《药品生产许可证》；⑥申请进口药品分包装，应当在该药品《进口药品注册证》或者《医药产品注册证》的有效期届满1年前提出。

进口药品分包装的申请与审批程序：境外制药厂商与境内药品生产企业签订进口药品分包装合同；接受分包装的药品生产企业向药品监督管理部门提出申请，提交由委托方填写的《药品补充申请表》，报送有关资料和样品。药品监督管理部门对申报资料进行形式审查后，符合要求的予以受理，提出审核意见后，将申报资料和审核意见报送国务院药品监督管理部门审批，同时通知申请人。国务院药品监督管理部门对报送的资料进行审查，符合规定的，予以批准，发给《药品补充申请批件》和药品批准文号。

此外，进口分包装的药品应当执行进口药品注册标准，进口分包装药品的说明书和包装标签必须与进口药品的说明书和包装标签一致，并且应当同时标注分包装药品的批准文号和分包装药品生产企业的名称。境外大包装制剂的进口检验按照国务院药品监督管理部门的有关规定执行。包装后产品的检验与进口检验执行同一药品标准。提供药品的境外制药厂商应对分包装后药品的质量负责。分包装后的药品出现质量问题的，国务院药品监督管理部门可以撤销分包装药品的批准文号，必要时可以依照《药品管理法》有关规定，撤销该药品的《进口药品注册证》或者《医药产品注册证》。

5. 药品补充申请注册流程及要求

申报与受理阶段中，申请人应当填写《药品补充申请表》，向所在地省级药品监督管理部门报送有关资料和说明。省级药品监督管理部门对申报资料进行形式审查，符合要求的，出具药品注册申请受理通知书；不符合要求的，出具药品注册申请不予受理通知书，并说明理由。进口药品的补充申请，申请人应当向国务院药品监督管理部门报送有关资料和说明，提交生产国家或者地区药品管理机构批准变更的文件。国务院药品监督管理部门对申报资料进行形式审查，符合要求的，出具药品注册申请受理通知书；不符合要求的，出具药品注册申请不予受理通知书，并说明理由。

审批与备案阶段提出修改药品注册标准、变更药品处方中已有药用要求的辅料、改变影响药品质量的生产工艺等的补充申请，由省级药品监督管理部门提出审核意见后，报送国务院药品监督管理部门审批，同时通知申请人。国务院药品监督管理部门对药品补充申请进行审查，必要时可以要求申请人补充资料，并说明理由。符合规定的，发给《药品补充申请批件》；不符合规定的，发给《审批意见通知件》，并说明理由。

改变国内药品生产企业名称、改变国内生产药品的有效期、国内药品生产企业内部改变药品生产场地等的补充申请，由省级药品监督管理部门受理并审批，符合规定的，发给《药品补充申请批件》，并报送国务院药品监督管理部门备案；不符合规定的，发给《审批意见通知件》，并说明理由。按规定变更药品包装标签、根据国务院药品监督管理部门的要求修改说明书等的补充申请，报省级药品监督管理部门备案。

进口药品的补充申请，由国务院药品监督管理部门审批。其中改变进口药品制剂所用原料药的产地、变更进口药品外观但不改变药品标准、根据国家药品标准或国务院药品监督管理部门的要求修改进口药品说明书、补充完善进口药品说明书的安全性内容、按规定变更进口药品包装标签、改变注册代理机构的补充申请，由国务院药品监督管理部门备案。

6. 药品再注册申请流程及要求

国务院药品监督管理部门核发的药品批准文号、《进口药品注册证》或者《医药产品注册证》的有效期为 5 年。有效期届满，需要继续生产或者进口的，申请人应当在有效期届满前 6 个月申请再注册。在药品批准文号、《进口药品注册证》或者《医药产品注册证》有效期内，申请人应当对药品的安全性、有效性和质量控制情况，如监测期内的相关研究结果、不良反应的监测、生产控制和产品质量的均一性等进行系统评价。

（1）药品再注册的申请和审批程序 获准上市的药品，药品注册批件有效期为 5 年。在药品注册批件的有效期内，药品上市许可持有人应当对药品的安全性、有效性和质量控制情况等进行持续考察及系统评价。药品注册批件有效期届满前，需要继续上市的，药品上市许可持有人应当在有效期届满 6 个月前申请再注册。

再注册申请由药品上市许可持有人向国务院药品监督管理部门提出，按照规定填写申请表，并提供有关申请材料。国务院药品监督管理部门应当在 5 个工作日内，对申报资料进行形式审查，符合要求的，出具受理通知书；需要补充材料的，一次性告知申请人需要补充说明的内容并要求限期补回，逾期未补正的，该申请视为撤回；不符合要求的，出具不予受理通知书，并说明理由。

国务院药品监督管理部门在药品注册批件有效期届满前作出是否准予再注册的决定，符合要求的，批准再注册，核发新的药品注册批件；不符合要求的，不予批准，发出不予再注册的通知，并说明理由；逾期未作决定的，视为准予再注册。

（2）药品不予批准再注册的情形 主要包括：①有效期届满未提出再注册申请的；②药品注册证书有效期内持有人不能履行持续考察药品质量、疗效和不良反应责任的；③未在规定时限内完成药品批准证明文件和药品监督管理部门要求的研究工作且无合理理由的；④经上市后评价，属于疗效不确切、不良反应大或者因其他原因危害人体健康的；⑤法律、行政法规规定的其他不予再注册情形。对不予再注册的药品，药品注册证书有效期届满时予以注销。

第二节　药品注册法律法规

　　药品与人民群众健康息息相关，党中央、国务院高度重视药品安全问题。2015 年以来，先后印发《国务院关于改革药品医疗器械审评审批制度的意见》（国发〔2015〕44 号，以下简称 44 号文件）《关于深化审评审批制度改革鼓励药品医疗器械创新的意见》（厅字〔2017〕42 号，以下简称 42 号文件）等重要文件，部署推进药品上市许可持有人制度试点、药物临床试验默示许可、关联审评审批、优先审评审批等一系列改革举措。2019 年 6 月和 8 月，全国人大常委会先后审议通过《中华人民共和国疫苗管理法》（以下简称《疫苗管理法》）和新修订的《药品管理法》，于同年 12 月 1 日起施行。两部法律全面实施药品上市许可持有人制度，建立药物临床试验默示许可、附条件批准、优先审评审批、上市后变更分类管理等一系列管理制度，并要求完善药品审评审批工作制度，优化审评审批流程，提高审评审批效率。当前比较重要的法律法规内容如下。

一、《中华人民共和国药品管理法》

　　《中华人民共和国药品管理法》中第二章药品研制和注册共计 14 条内容对药品注册相关内容进行了规定。在中国境内上市的药品，应当经国务院药品监督管理部门批准，取得药品注册证书。法律规定，申请药品注册，应当提供真实、充分、可靠的数据、资料和样品，证明药品的安全性、有效性和质量可控性。法律也规定了例外条款，未实施审批管理的中药材和中药饮片排除在外，中药材、中药饮片品种目录由国务院药品监督管理部门会同国务院中医药主管部门制定。

二、《药品注册管理办法》

　　《药品注册管理办法》是我国药品注册管理的重要部门规章，在规范药品注册行为、引导药物研发、促进医药产业发展等方面发挥了重要的作用。2020 年 3 月 30 日，新修订《药品注册管理办法》正式发布，并将于 2020 年 7 月 1 日起实施。新修订《药品注册管理办法》最终分为十章一百二十六条，与 2007 年版管理办法相比，此次修订突出药品注册管理功能，进一步构建完善审评审批框架体系，进一步明确药品注册、核查、检验环节以及注册申请人（上市许可持有人）等各部门、各参与主体的职责以及权利义务。同时，新修订《药品注册管理办法》对审评审批中涉及的具体技术要求不再写入正文，改由在指导原则等配套文件中体现。这一改变，使整个药品注册管理的制度框架和技术标准体系体现出更强的稳定性和灵活性。

三、《药物非临床研究质量管理规范》

国家药品监督管理局于 1999 年制定并发布了《药物非临床研究质量管理规范（试行）》，2003 年发布了《药物非临床研究质量管理规范》。为保证药物非临床安全性评价研究的质量，保障公众用药安全，根据《中华人民共和国药品管理法》《中华人民共和国药品管理法实施条例》，国家食品药品监督管理总局于 2017 年 6 月 20 日修订并发布《药物非临床研究质量管理规范》，自 2017 年 9 月 1 日起施行。

GLP 适用于为申请药品注册而进行的药物非临床安全性评价研究。非临床安全性评价研究，指为评价药物安全性，在实验室条件下用实验系统进行的试验，包括安全药理学试验、单次给药毒性试验、重复给药毒性试验、生殖毒性试验、遗传毒性试验、致癌性试验、局部毒性试验、免疫原性试验、依赖性试验、毒代动力学试验以及与评价药物安全性有关的其他试验。药物非临床安全性评价研究是药物研发的基础性工作，应当确保行为规范，数据真实、准确、完整。药物非临床安全性评价研究的相关活动应当遵守本规范。以注册为目的的其他药物临床前相关研究活动参照本规范执行。GLP 共十二章五十条，包括第一章总则，第二章术语及其定义，第三章组织机构和人员，第四章设施，第五章仪器设备和实验材料，第六章实验系统，第七章标准操作规程，第八章研究工作的实施，第九章质量保证，第十章资料档案，第十一章委托方，第十二章附则。

四、《药物临床试验质量管理规范》

1. GCP 的目的、适用范围和主要内容

1999 年我国国家药品监督管理局颁发《药物临床试验质量管理规范（试

行)》，2003 年《药物临床试验质量管理规范》正式颁布并实施。2016 年 12 月，国家食品药品监督管理总局对《药物临床试验质量管理规范》(国家食品药品监督管理局局令第 3 号)进行了修订，起草了《药物临床试验质量管理规范(修订稿)》。2020 年 4 月 23 日，为深化药品审评审批制度改革，鼓励创新，进一步推动我国药物临床试验规范研究和提升质量，国家药品监督管理局会同国家卫生健康委员会组织修订了《药物临床试验质量管理规范》，自 2020 年 7 月 1 日起施行。

GCP 是为保证药物临床试验过程规范、结果科学可靠，保护受试者的利益并保障其安全，根据《药品管理法》并参照国际公认原则而制定的。GCP 适用于药物临床研究，凡药品进行各期临床试验，包括人体生物利用度或生物等效性试验，均需按规范执行。GCP 规定了其维护受试者权益的原则，即所有以人为对象的研究必须符合《世界医学大会赫尔辛基宣言》和国际医学科学组织委员会颁布的《人体生物医学研究国际伦理指南》的道德原则，即公正、尊重人格、力求使受试者最大限度受益和尽可能避免伤害。伦理委员会与知情同意书是保障受试者权益的主要措施。《药品管理法》第二十条规定："开展药物临床试验，应当符合伦理原则，制定临床试验方案，经伦理委员会审查同意。伦理委员会应当建立伦理审查工作制度，保证伦理审查过程独立、客观、公正，监督规范开展药物临床试验，保障受试者合法权益，维护社会公共利益。"第二十一条规定："实施药物临床试验，应当向受试者或者其监护人如实说明和解释临床试验的目的和风险等详细情况，取得受试者或者其监护人自愿签署的知情同意书，并采取有效措施保护受试者合法权益。"

GCP 共九章八十三条，主要内容包括第一章总则，第二章术语及其定义，第三章伦理委员会，第四章研究者，第五章申办者，第六章试验方案，第七章研究者手册，第八章必备文件管理，第九章附则。

2. GCP 的实施与药物临床安全性评价研究机构的认证

为加强药物临床试验的监督管理，确保药物临床试验在具有药物临床试验资格的机构中进行，2019 年 12 月 1 日，国家药品监督管理局会同国家卫生健康委员会发布了《药物临床试验机构管理规定》，要求从事药品研制活动，在中华人民共和国境内开展经国家药品监督管理局批准的药物临床试验(包括备案后开展的生物等效性试验)，应当在药物临床试验机构中进行。药物临床试验机构应当符合本规定条件，实行备案管理。仅开展与药物临床试验相关的生物样本等分析的机构，无须备案。药品监督管理部门、卫生健康主管部门根据各自职责负责药物临床试验机构的监督管理工作。国家食品药品监督管理总局关于征求《关于鼓励药品医疗器械创新改革临床试验管理的相关政策》（征求意见稿）意见的公告（2017 年第 53 号）提到临床试验主要研究者须具有高级职称，参加过 3 个以上临床试验。临床试验申请人可聘请第三方对临床试验机构是否具备条件进行评估认证。临床试验机构实施备案管理后，食品药品监管部门要加强对临床试验项目进行现场检查，检查结果向社会公开。未能通过检查的临床试验项目，相关数据将不被食品药品监管部门接受。临床试验机构管理规定由药品监管部门会同卫生健康部门制定。

第三节　药品注册现场核查

一、概述

注册核查是由国家药品监督管理局药品审评中心（以下简称药品审评中心）启动，为核实药品注册申报资料的真实性、一致性以及药品上市商业化生产条件，检查药品研制的合规性、数据可靠性等，围绕相关注册申请事项申报资料中涉及的研制和生产情况，对研制现场和生产现场开展的核查活动，以及必要时对药品注册申请所涉及的化学原料药、中药材、中药饮片和提取物、辅料及直接接触药品的包装材料和容器生产企业、供应商或者其他受托机构开展的延伸检查活动。

注册核查分为药品注册研制现场核查（以下简称研制现场核查）和药品注册生产现场核查（以下简称生产现场核查）。

1. 研制现场核查

研制现场核查是通过对药品研制合规性、数据可靠性进行检查，对药品注册申请的研制情况进行核实，对原始记录和数据进行审查，确认申报资料真实性、一致性的过程。研制现场核查包括药学研制现场核查、药理毒理学研究现场核查和药物临床试验现场核查等。

药学研制现场核查主要是对药学研制情况，包括药学处方与工艺研究、样品试制、质量控制研究及稳定性研究等研制工作的原始数据、记录和现场进行的核查。

药理毒理学研究现场核查主要是对药理毒理学研究情况，包括药理和（或）毒理研究的条件、方案执行情况、数据记录和结果报告等方面进行的核查。

药物临床试验现场核查主要是核对注册申报资料与临床试验的原始记录和文件，评价试验实施、数据记录和结果报告是否符合试验方案和药物临床试验相关法规，同时关注受试者保护。必要时可对临床试验用药物进行抽查检验。

2. 生产现场核查

生产现场核查是对药品注册申请的商业规模生产工艺验证、样品生产过程等进行核实，对其是否与申报的或者核定的原辅料及包装材料来源、处方、生产工艺、检验方法和质量标准、稳定性研究等相符合，相关商业规模生产过程的数据可靠性以及是否具备商业化生产条件进行确认的过程。

注册核查遵循公开、公平、公正的原则，以临床价值或者问题为导向，促进药物的研发和上市。核查中心与药品审评、药品检验等机构建立注册核查与审评、注册检验的工作衔接机制，并加强沟通和交流，共同协调、研究和解决注册核查工作中出现的问题。

药品注册核查启动的原则、程序、时限和要求，由药品审评中心制定公布；药品注册核查实施的原则、程序、时限和要求，由药品核查中心制定公布。

二、核查目的

1. 研制现场核查的目的

研制现场核查的目的主要是通过对药学研制情况（包括处方与工艺研究、样品试制、质量控制研究、稳定性研究等）的原始资料进行数据可靠性的核实和／或实地确证，核实相关申报资料的真实性、一致性。

2. 生产现场核查的目的

生产现场核查的目的主要是通过对申报品种的商业化生产条件和能力、数据可靠性进行实地核查，核实申报资料的真实性，核实商业化生产规模下相关生产和质量控制活动与申报资料（如处方、生产工艺、质量标准、关键设施设备等）的一致性以及商业化生产条件。

三、核查范围

适用于由国家药品监督管理局药品审评中心启动、由国家药品监督管理局食品药品审核查验中心组织实施的研制现场核查和生产现场核查。基于注册需要和风险原则，研制现场核查和生产现场核查可仅针对承担主要研究任务的关键场地进行，也可仅对部分要点的部分内容进行核查。

一般情况下，研制现场核查以确证性临床试验、生物等效性研究等药物临床试验相关批次为起点，直至商业规模生产工艺验证批次前为止，重点包括确证性临床试验批次 / 生物等效性研究批次等药物临床试验批次、技术转移批次、申报资料所涉及的稳定性试验批次等影响药品质量评价的关键批次。必要时，可前溯至研究立项、处方筛选、工艺优化等研究内容。

豁免药物临床试验的，以进行质量对比研究的相关批次为起点；未进行质量对比研究的，以工艺处方基本确定后的批次为起点。

一般情况下，生产现场核查以技术转移所获取的知识为基础，以商业规模生产工艺验证批次为起点直至现场动态生产批次为止，重点包括商业规模生产工艺验证批次、动态生产批次以及在此期间的相关变更、稳定性试验等研究、试制的批次。

根据需要对化学原料药、中药材、中药饮片和提取物、辅料及直接接触药品的包装材料和容器生产企业、供应商或者其他受托机构开展的延伸检查。

研制现场核查与生产现场核查的区别见表 2-4。

表 2-4　研制现场核查与生产现场核查的区别

区别	研制现场核查	生产现场核查
起点	以确证性临床试验、生物等效性研究等药物临床试验相关批次为起点	以商业规模生产工艺验证批次为起点
终点	商业规模生产工艺验证批次前为止	现场动态生产批次为止
重点	确证性临床试验批次 / 生物等效性研究批次等药物临床试验批次、技术转移批次、申报资料所涉及的稳定性试验批次等影响药品质量评价的关键批次	商业规模生产工艺验证批次、动态生产批次以及在此期间的相关变更、稳定性试验等研究、试制的批次

四、核查基本程序

注册核查基本程序见图 2-4。

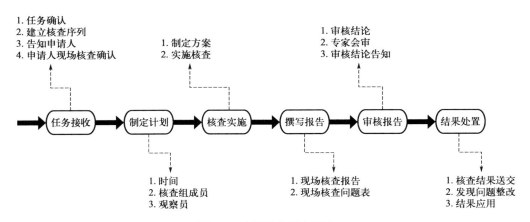

图 2-4　注册核查基本程序

1. 核查任务的接收

① 核查中心对药品审评中心启动的注册核查任务确认后进行接收，核对注册核查任务及所附注册核查用资料。

② 对于核查对象明确、核查启动结论明确、核查关注点（如有）清晰、与核查关注点相关的资料齐全完整的，予以接收。对于不符合注册核查任务接收条件的，由药品审评中心进行完善，符合接收条件后，予以接收。

③ 对于接收的注册核查任务，核查中心原则上按照任务接收的时间顺序分别建立药理毒理学研究、药物临床试验、药学研制、生产现场核查序列，统筹安排现场核查。

核查中心接收的核查任务通过核查中心网站告知申请人，有因检查可不提前告知申请人。

④ 进行生产现场核查的品种，申请人应当在规定时限内，进行生产现场核查确认，向核查中心报送药品注册生产现场核查确认表，明确可接受生产现场核查的情况；需要进行动态生产现场核查的，还需确认在规定时限内的生产安排。

商业规模生产工艺验证批次和必要的现场核查动态生产批次，应当在拟定的商业化生产线上按照药品生产质量管理规范的要求组织生产；其批量原则上应当与拟定的商业化生产批量一致。

2. 核查计划的制定

① 核查中心根据《药品注册核查要点与判定原则》，基于风险原则，并结合药品审评中心提出的核查对象和核查关注点（如有），确定核查地点，结合核查资源等，制定核查计划。

② 核查中心在注册核查时限内，组织实施注册核查工作，确定核查时间，通知申请人和被核查单位接受注册核查。需要进行动态生产现场核查的，结合申请人动态生产安排确定生产现场核查时间。

③ 核查组应当由 2 名以上具备药品检查员资格的人员组成，实行组长负责制。根据核查品种的具体情况，可有相关领域专家参与注册核查。对药品审评中心启动的有因检查，药品审评中心原则上应当派员参加。

参加注册核查的人员应当签署无利益冲突声明、检查员承诺书；所从事的注册核查活动与其可能发生利益冲突的，应当主动提出回避。

④ 被核查单位所在地省、自治区、直辖市药品监督管理部门选派 1 名药品监督管理人员作为观察员协助注册核查工作，负责将注册核查发现的问题等转送给省、自治区、直辖市药品监督管理部门。

3. 现场核查的实施

① 核查中心实施注册核查前，根据《药品注册核查要点与判定原则》，基于风险原则，并结合药品审评中心提出的核查对象和核查关注点（如有），制定核查方案。核查方案内容包括：被核查单位基本情况、核查品种、核查目的、核查依据、现场核查时间、核查内容、核查组成员等。

② 申请人应当协调与药品研制、生产、注册申请相关单位及所涉及的化学原料药、中药材、中药饮片和提取物、辅料及直接接触药品的包装材料和容器生产企业、供应商或者其他受托机构按要求接受现场核查，必要时协调组织部分核查相关人员和材料到指定地点接受核查。

被核查单位应当配合核查组工作，开放相关场地，及时提供核查所需的文件、记录、电子数据等，如实回答核查组的询问，保证所提供的资料真实。

③ 在注册核查工作中，核查组有权对申请人和被核查单位、人员、设施设备、管理要求等进行核查，进入研制、生产及其他核查相关场地，调阅相关资料，询问相关人员。

对于注册核查发现的问题，核查组有权根据实际情况采取包括但不限于复印、拍照、摄像等方法收集相关证明性材料。

④ 现场核查开始时，核查组应当主持召开首次会议，向申请人和被核查单位出示授权证明文件，通报核查人员组成、核查目的和范围，声明检查注意事项及检查纪律等，告知被核查单位的权利和义务。

被核查单位应当向核查组介绍核查品种在本单位开展的研究、生产等情况，明确核查现场负责人。

⑤ 核查组应当按照核查方案的要求，根据核查要点，实施现场核查，详细记录核查时间、地点、核查内容、发现的问题。必要时，核查组可以根据现场核查的情况，基于风险原则，调整核查实施方案。对于延长或者缩短核查时间、增加或者减少核查对象等调整情况，需报核查中心批准后执行。

⑥ 有因检查需要由核查组抽取样品进行检验的，核查组按照药品抽样的有关要求，抽取样品并封样；抽取的样品按要求送交药品检验机构进行样品检验。

现场核查过程中认为有必要进行样品检验的，经报核查中心同意后，核查组按照药品抽样的有关要求，抽取样品并封样，抽样情况应当在核查报告中进行描述；样品按要求送交药品检验机构进行样品检验。

⑦ 核查组发现申请人或被核查单位存在影响药品研发生产安全或者涉嫌违法等情形的，应当立即报告核查中心。

核查组发现申请人或被核查单位存在影响药品研发生产安全情形的，还应当告知申请人或被核查单位及时采取必要措施控制风险。对发现涉嫌违法的，核查组应当详细记录检查情况，对发现的问题应当进行书面记录，并根据实际情况采取收集或者复印相关文件资料、拍摄相关设施设备及物料等实物和现场情况、采集实物或电子证据，以及询问有关人员并形成询问记录等多种方式，按相关证据规则要求及时固定证据性材料。

观察员应当立即将有关情况报告省级药品监督管理部门依法采取相应措施。

⑧ 核查中心组织研判后认为确实存在重大风险需要由国家药品监督管理局采取措施的，应当立即向国家药品监督管理局报告并提出处理建议，相关情况抄送药品审评中心。

4. 核查报告的撰写

① 核查组应当对现场核查情况进行讨论汇总，提出现场核查综合评定意见，并依据核查结果判定原则，作出现场核查结论，撰写形成现场核查报告和现场核查问题表。

现场核查报告应当对现场核查过程与结果进行描述，具备准确性、公正性、完整性和逻辑性等基本要素，并附所需的支持性证明材料。现场核查问题表应当包括现场核查发现的问题或者缺陷。

② 现场核查结束前，核查组应当主持召开末次会议，向被核查单位和（或）申请人反馈现场核查情况，通报现场核查发现的问题。

被核查单位应当对核查组反馈的情况进行确认，有异议的，可提出不同意见、作出解释和说明。核查组应当就此予以进一步核实，并结合核实情况对现场核查报告、现场核查问题表相关内容进行必要调整。

现场核查报告应当由核查组全体成员、观察员签名。

现场核查问题表应当由核查组全体成员、观察员、被核查单位负责人签名，并加盖被核查单位公章。

被核查单位拒绝签字盖章的，核查组应当在现场核查报告中予以注明。被核查单位应当就拒绝签字盖章情况另行书面说明，由被核查单位负责人签字，并加盖被核查单位公章交核查组。

现场核查结束后，核查组应当将支持性证明材料、证据性材料以外其他材料退还被核查单位或者删除。现场核查问题报送被核查单位和申请人。

③ 核查组应当按照要求在规定时限内，将现场核查报告、现场核查问题表及相关材料报送核查中心。

现场核查问题表及相关材料交观察员送相关省、自治区、直辖市药品监督管理部门。

5. 核查报告的审核

① 核查中心应当根据核查结果判定原则，对现场核查报告进行审核。

综合考虑品种的类别、发现问题的性质、严重程度，认为能够按照核查结果判定原则对核查结论进行明确判定的，直接作出核查审核结论。

认为现场核查发现的问题影响核查结论判定的，核查中心应当书面要求申请人于 20 日内对相关问题进行反馈，如涉及问题仅需进行解释说明的，书面要求申请人于 5 日内提交材料。核查中心对反馈及解释说明进行审核后，作出核查审核结论。申请人逾期未予反馈提交的，核查中心基于已有注册核查情况作出核查审核结论。

对于各类现场核查分别涉及多个核查对象和场地的，核查中心应当综合对所涉及所有核查对象和场地的现场核查情况，作出最终核查审核结论。

必要时，核查中心可组织赴现场核实。

② 对于复杂或者有争议的问题，核查中心可召开注册核查专家会审会，听取核查、审评、检验等方面的专家意见。核查中心应当综合专家意见作出核查审核结论。

6. 核查结果的处置

① 核查中心将核查审核结论告知申请人。

② 核查中心将现场核查报告和核查审核结论等材料按要求在规定时限内，送交药品审评中心。

③ 根据观察员报送的现场核查问题及相关材料，省、自治区、直辖市药品监督管理部门依日常监管职责对被核查单位的现场核查发现问题整改情况进行审核确认，必要时进行跟踪检查，并将审核结果及时告知药品审评中心。

④ 对药物临床试验现场核查发现影响受试者安全、权益或临床试验数据质量的管理体系方面问题的，省、自治区、直辖市药品监督管理部门还应当将整改情况审核确认结果以及处理情况报告核查中心。对整改不到位、需国家药品监督管理局采取进一步措施的，核查中心可提出处理建议报国家药品监督管理局。

⑤ 对核查发现申请人、被核查单位及其直接责任人提供虚假的证明、数据、资料、样品以及不符合相关质量管理规范要求等违法违规行为的，由省级以上药品监督管理部门按程序依《中华人民共和国药品管理法》等有关规定处理。

⑥ 注册核查发现的申请人和（或）被核查单位的问题，作为核查中心后续判断注册核查风险、确定核查组织模式和方法及核查地点的重要依据，也作为药品审评中心后续启动注册核查合规因素划分的依据。

7. 时限要求

① 药品审评中心在药品注册申请受理后 40 日内通知核查中心和申请人进行注册核查，核查中心原则上在审评时限届满 40 日前完成注册核查并反馈药品审评中心。

注册核查工作时限原则上为 120 日。

申请人应当在收到药品审评中心核查告知之日起 80 日内接受注册核查；进行生产现场核查的，申请人应当在收到药品审评中心生产现场核查相关告知之日起 20 日内，向核查中心确认生产现场核查事项。

② 纳入优先审评审批程序的，药品审评中心在药品注册申请受理后 25 日内通知核查中心和申请人进行注册核查，核查中心原则上在审评时限届满 25 日前完成注册核查并反馈药品审评中心。

纳入优先审评审批程序的，注册核查工作时限为 80 日。

纳入优先审评审批程序的，申请人应当在收到药品审评中心核查告知之日起 60 日内接受注册核查；进行生产现场核查的，申请人应当在收到药品审评中心相关告知之日起 15 日内，向核查中心确认生产现场核查事项。

③ 核查中心于现场核查前 5 日通知申请人和被核查单位；有因检查可不提前通知申请人和被核查单位。

④ 核查组应当在现场核查结束之日起 5 日内，将现场核查报告及相关资料报送核查中心。

核查中心在现场核查结束之日起 40 日内、纳入优先审评审批程序的在现场核查结束之日起 20 日内，完成核查报告审核，作出审核结论，并将注册核查情况和核查结果反馈药品审评中心。

⑤ 核查过程中抽取的样品，应当在抽样之日起 10 日内，送达指定药品检验机构。

⑥ 申请人现场核查后进行的必要反馈或者提交解释说明、申请人因不可抗力原因延迟现场核查、召开专家咨询会等时间，不计入时限。相关情况影响注册核查时限的，核查中心应当通知药品审评中心。

⑦ 对于因品种特性或者注册核查工作遇到特殊情况，确需延长时限的，书面告知申请人延长时限，并通知药品审评中心，必要时通知其他相关专业技术机构。延长时限不超过原时限的二分之一。

8. 特殊情形的处理

① 药品审评中心在规定时限内通知申请人进行注册核查后，原则上出现以下情形的，核查中心终止相关注册核查任务，说明原因及依据后告知药品审评中心。

a. 除自然灾害、政府行为等不可抗力的正当理由外，申请人未在规定时限内进行生产现场核查确认，或者不能在规定时限内接受现场核查的；

b. 申请人和生产企业尚未取得相应药品生产许可证，或者品种尚未完成商业规模生产工艺验证的；

c. 尚未完成注册核查的品种，药品审评中心告知终止注册程序或者不予批准的；

d. 其他需要终止注册核查的。

② 申请人和（或）被核查单位存在拒绝、阻碍、限制核查，不配合提供必要证明性材料等情形，或者存在主观故意导致核查无法完成的，核查结果直接判定为不通过。

③ 申请人或被核查单位认为核查人员与所从事的核查事项存在利益冲突的，可在现场核查首次会议结束前向核查中心提出回避要求及相关理由。经核查中心确认属于需要回避情形的，相关人员应当予以回避。

申请人或被核查单位对现场核查程序、核查发现的问题等有不同意见的，可在核查结束之日起 5 日内向核查中心提出异议。

核查中心应当对提出的异议情况进行调查或研究，并结合调查研究情况作出核查审核结论。

五、核查要点及结果判定原则

研制现场核查和生产现场核查要点见图 2-5。

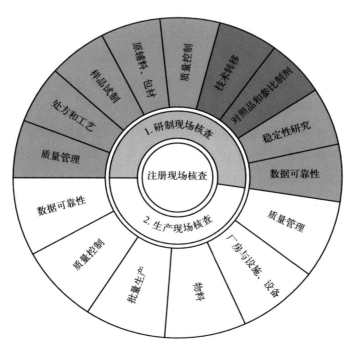

图 2-5　研制现场核查和生产现场核查要点

（一）研制现场核查要点

1. 质量管理

开展药物研究，应当建立与研究内容相适应的组织机构和质量管理体系，应当具有与药物研究内容相适应的人员、设施、设备、仪器等，制订相应的管理制度或标准操作规程并遵照实施。

（1）组织机构和人员　应当建立与研究内容相适应的管理机构，以进行相应质量管理。

应当配备具有适当资质（包括学历、培训或实践经验）的研究和管理人员，遵守国家相关法律法规的规定，保证试验数据与资料的真实性和可靠性。

（2）研究条件　应当具有与研究内容相适应的、根据研制不同阶段和风险确定的场地、设施、设备、仪器和管理制度或标准操作规程，并与研究记录和申报资料一致。

（3）文件和记录　应当建立文件和记录的管理制度或标准操作规程。药物研究开发全过程应当有相应记录，包括预试验和探索性研究的数据和记录。

（4）变更和偏差管理　至少在药物进入临床阶段后就应当建立与药物研发阶段相适应的变更、偏差和研究试验失败等相关管理制度或标准操作规程，针对关键批次出现的偏差或研究试验失败等情形应当得到适当的调查和 / 或分析，并进行记录。

（5）委托研究　委托其他机构进行部分或全部药学研究及样品试制的，委托方应当对受托方的研究能力、质量管理体系等进行评估，以确证其研究条件和研究情况。双方应当签订委托合同或其他有效协议，明确规定各方责任、研究内容及相关的技术事项。委托方应当对委托研究的过程和结果负责，并确保委托研究过程中的数据可靠性。受托方应当遵守相关要求，保证研究及样品制备过程规范、数据真实可靠、研制过程可追溯。

2. 处方和工艺

处方和工艺研究过程应当科学完整、合理设计，相关研究记录应当真实完整，与申报资料一致。

① 研究确定的处方组成、工艺流程图、工艺描述、关键工艺参数和范围，应当与申报资料一致。

② 处方工艺研究确定的试验数据、时间，应当与申报资料一致。

3. 样品试制

① 研制样品试制记录，特别是关键批次样品的试制记录应当完整保存。

② 关键批次样品的处方和生产工艺、过程控制、试制场地和生产线、使用的主要生产设备型号、技术参数及原始记录等应当与申报资料一致。

③ 样品试制量、剩余量与使用量之间应当能够对应。应当保留试制样品实物，处方工艺确定后生产的关键批次样品在上市申请批准前不得销毁。

④ 用于确证性临床试验、生物等效性研究等药物临床试验相关批次样品的生产应当符合相应药品生产质量管理规范的相关要求。

4. 原辅料与直接接触药品的包装材料和容器

① 关键批次样品试制所用的原辅料、直接接触药品的包装材料和容器等具有合法来源（如供货协议、发票等），相关信息应当与申报资料一致。

菌毒种、细胞株、血浆来源应当合法、清晰、可追溯，并与申报资料一致。

中药饮片应当明确其药材基原、产地和炮制方法，并与申报资料一致。

② 原辅料、中药饮片和提取物、直接接触药品的包装材料和容器等的使用时间和使用量应当与样品研制情况相匹配。

各级菌毒种种子批、细胞库的建立、检验、放行等符合申报资料要求。

③ 结合制剂特点制订的原辅料、直接接触药品的包装材料和容器的内控标准，相应研究过程应当与申报资料一致。

④ 关键批次样品试制用的原辅料及直接接触药品的包装材料和容器应当有检验报告书，并与申报资料一致。

5. 质量控制

① 关键批次研究使用的仪器设备应当经必要的检定或校验合格，有使用记录、维护记录和检定校验记录，与研究时间对应一致，记录内容与申报资料一致。

② 用于质量研究的样品批次、研究时间与样品试制时间应当能够对应。

③ 质量研究各项目，如溶出度/释放度、有关物质、含量/效价等关键质量属性研究及实验方法学考察的原始记录、实验图谱数据应当完整可靠，可溯源，

数据格式应当与所用的仪器设备匹配。

6. 技术转移

从药品研制到生产阶段的技术转移是一个系统工程，其目的是将在研制过程中所获取的产品知识和经验转移给生产企业。接受技术转移的生产企业应当有能力实施被转移的技术，生产出符合注册要求的药品。

① 技术转移应当完成技术文件的转移，并有相应关键文件和记录。

② 应当对技术转移过程涉及的人员、设备、工艺、物料等因素进行评估，并在技术转移过程中采取相应措施，降低风险。

③ 技术转移或工艺放大后应当完成商业规模生产工艺验证，验证数据应当能支持商业化批量生产的关键工艺参数。

④ 分析方法的转移应当经过确认，并有记录和报告。

7. 对照品和参比制剂

① 所用的对照品/标准品具有合法来源证明，在有效期内使用，并与申报资料一致。如为工作对照品，应当有完整的标化记录且应当在效期内使用；有对照品/标准品的接收、发放、使用记录或凭证，应当与实际的研究/评价工作相吻合。

② 所用的参比制剂应当与申报资料一致，有明确的来源及来源证明，如购买发票、赠送证明等；有参比制剂的包装标签、说明书、剩余样品等；有参比制剂的接收、发放、使用记录或凭证，应当与实际的研究/评价工作相吻合。

③ 对照品/参比制剂应当按其规定的贮藏条件保存，并与申报资料一致。

8. 稳定性研究

企业应当制定稳定性研究方案，并根据稳定性研究方案开展研究工作。稳定性研究的批次应当与申报资料一致。

① 稳定性研究样品所用直接接触药品的包装材料和容器应当与申报资料一致。

② 稳定性研究样品放置条件等，应当与申报资料一致。

③ 稳定性研究过程中各时间点原始检验记录数据应当与申报资料一致。

④ 稳定性研究所涉及的数据应当能溯源，并完整可靠。

9. 数据可靠性

申报资料中的数据均应当真实、准确，能够溯源，相关的原始记录、原始图谱、原始数据等均应当与申报资料一致，研制单位应当采取有效措施防止数据的修改、删除、覆盖等，以确保数据可靠。其中，方法学验证及之后影响产品质量和稳定性数据评价的研究数据尤为重要。

① 质量研究及稳定性研究中的数据（包括试验图谱）应当可溯源：红外光谱法、紫外 - 可见分光光度法、高效或超高效液相色谱法、气相色谱法等得出具有数字信号处理系统打印的图谱，应当具有可追溯的关键信息（如图谱数据文件的存储路径、数据采集日期、采集方法参数等），各图谱的电子版应当保存完好；电子天平的称量打印记录应当可溯源；需目视检查的某些项目（如采用薄层色谱、纸色谱、电泳等检测方法的）应当有照片或数码照相所得的电子文件。

② 药物研究期间，具有数字信号处理系统设备应当开启审计追踪功能，被核查数据应当在采集数据的计算机或数据库中。审计追踪功能应当能显示对以前保留数据与原始数据所有更改情况，应当能关联到数据修改者，并记录更改时间及更改原因，用户应当没有权限修改或关闭审计追踪功能。

③ 纸质图谱编码 / 测试样本编码应当与原始记录对应，可溯源。

④ 电子图谱应当为连续图谱，如有选择图谱、弃用图谱情况，应当提供相应说明或依据。

⑤ 数据应当能归属到具体的操作人员。具备计算机化系统的试验设备，其每名用户应当设定独立的账号密码，或采用其他方式确保数据归属到具体操作人。

（二）研制现场核查结果判定原则

① 对研究过程中原始记录、数据进行核实和 / 或实地确认，经核查确认发现以下情形之一的，核查认定为"不通过"。

a. 编造或者无合理解释地修改研究数据和记录；

b. 以参比药物替代研制药物、以研制药物替代参比药物或者以市场购买药品替代自行研制的药物，或以其他方式使用虚假药物进行药学研究；

c. 隐瞒研制数据，无合理解释地弃用数据，或以其他方式选择性使用数据导致对药品质量评价产生影响；

d. 故意损毁、隐匿研制数据或者数据存储介质等故意破坏研制数据真实性的情形；

e. 与申报资料不一致且可能对药品质量评价影响较大；

f. 存在严重的数据可靠性问题，关键研究活动、数据缺少原始记录导致无法溯源，导致对药品安全性、有效性、质量可控性的评价产生影响；

g. 拒绝、不配合核查，导致无法继续进行现场核查；

h. 法律法规规定的其他不应当通过的情形。

② 对研究过程中原始记录、数据进行核实和/或实地确认，未发现申报资料真实性问题，且发现的问题不构成以上不通过情形的，核查认定为"通过"。其中，对发现申报资料的部分非关键信息不一致或虽然发现数据可靠性问题但可能不影响对药品安全性、有效性、质量可控性评价的，需审评重点关注。

（三）生产现场核查要点

1. 质量管理

药品生产企业应当具备涵盖影响药品质量所有因素的质量体系，具有与药品生产相适应的组织机构，并建立质量保证系统以保证质量体系的有效运行。

① 质量管理应当涵盖影响药品质量的所有因素，确保生产的产品符合申报工艺和质量要求，并最大限度地降低药品生产过程中污染、交叉污染以及混淆、差错等风险。

② 企业高层管理人员应当确保实现既定的质量目标，并为实现质量目标提供足够的、符合要求的人员、厂房、设施和设备。

③ 企业应当建立与药品生产相适应的管理机构，明确各部门职责，确保技术转移合理并可追溯。

④ 企业应当配备足够数量的并具有适当资质的管理和操作人员。关键人员、关键岗位人员应当经培训并了解本产品知识，关键岗位人员必须熟悉本产品的关键质量控制、关键生产操作要求。

⑤ 企业应当建立满足本产品生产质量要求的管理文件，包括产品技术转移管理文件、药品生产质量管理规范相关生产质量文件以及产品研发资料的管理文件等。

⑥ 企业应当按照药品生产质量管理规范要求，建立变更控制、偏差管理、供应商管理、检验结果超标处理等相应管理标准操作规程，并按规程实施。所

采用的方法、措施、形式及形成的文件应当与相应的药品生命周期相适应。

⑦ 企业应当建立质量风险管理系统，根据科学知识及经验对质量风险进行评估，以保证产品质量。

2. 厂房与设施、设备

企业的厂房、设施、关键生产设备应当与注册申报资料一致，并与商业化批量生产匹配，药品生产过程中防止污染与交叉污染的措施应当有效。

① 生产厂房与设施、仓储条件等应当满足样品商业化批量生产要求，关键生产设备生产能力与商业化批量生产相匹配。

② 为满足新增注册申报品种的生产，原有厂房与设施、设备应当进行评估，必要时还应当进行相应的变更。如为新建企业或车间，商业规模生产工艺验证时，与产品生产相关的厂房与设施、关键生产设备应当经确认，包括设计确认、安装确认、运行确认和性能确认。

③ 非专用生产线，应当评估共线品种的合理性，评估共线生产带来的污染与交叉污染的风险，并采取防止污染与交叉污染的有效措施；应当建立有效的清洁程序并经验证，其活性物质残留限度标准建立应当基于毒理实验数据或毒理学文献资料的评估。

3. 物料

涉及相关物料的采购、接收、贮存、检验、放行、发放、使用、退库、销毁全过程，应当确保物料在上述过程不发生污染、交叉污染、混淆和差错。

① 生产过程所需的原辅料/关键物料（包括生物制品所用的菌毒种、细胞、血浆、佐剂、培养基等）和包装材料等应当有相应管理制度并遵照执行。

② 能够按照管理规程对产品生产所用的原辅料、直接接触药品的包装材料和容器的供应商进行审计和管理。

③ 原辅料和直接接触药品的包装材料和容器的质量标准、生产商/来源应当与注册申报资料一致，按照相关标准操作规程进行取样和检验，并出具全项检验报告。

各级菌毒种种子批、细胞库的建立、检验、放行等应当符合申报资料要求。

④ 原辅料和直接接触药品的包装材料和容器应当按照相应要求进行储存、使用和管理，并制定合理的储存期限。

4. 批量生产

以商业规模生产工艺验证为起始，确认企业生产工艺与注册资料的一致性，以及持续稳定生产出符合注册要求产品的能力。

① 商业规模生产工艺验证批等关键批次及现场动态生产批次（如有）的处方、批量、实际生产过程、批生产记录应当与工艺规程／制造检定规程和注册申报工艺一致。

商业规模生产工艺验证数据应当支持批量生产的关键工艺参数，并在规定范围内。如有商业规模生产工艺验证批次之外的其他试制批次，应当能追溯产品的历史生产工艺数据以及与产品相关的质量情况。

② 批生产记录、设备使用记录、物料领用记录、检验记录等各项记录信息应当一致，并具有可追溯性。

③ 中药材前处理、炮制方法等应当与申报资料一致，并在产品工艺规程中明确，如外购饮片，质量协议应当明确前处理、炮制的要求。

5. 质量控制

质量控制实验室的人员、设施、设备应当与产品质量控制相适应，应当配备药典、标准图谱等必要的工具书，以及相应的标准品或对照品等相关标准物质。企业应当建立相应质量控制制度，按药品生产质量管理规范要求进行取样、检验，并得出真实可靠的检验结果。

① 检验设施设备仪器应当经过检定或校准，并在有效期内，使用记录可溯源。

② 样品、标准物质、试剂、菌种等应当按照规定管理和使用。

③ 样品、中间产品／中间体和关键物料的质量标准应当与申报的质量标准一致，并按要求进行检验。检验方法应当按规定经过方法学验证或确认。

④ 产品应当按规定进行稳定性试验；有存放效期的中间产品／中间体，必要时也应当进行相应研究。

⑤ 如有委托检验，双方应当签订合同或协议，委托方应当进行审计，确保受托方提供的数据可靠。

6. 数据可靠性

企业应当采取有效措施防止数据的修改、删除、覆盖等，以确保数据可靠。

申报资料中的数据均应当真实、准确，能够溯源，相关的原始记录、原始图谱、原始数据等均应当与申报资料一致。其中，商业规模生产工艺验证及其稳定性试验等生产、检验数据尤为重要。

① 相关原始记录，尤其是原始电子数据应当与申报资料中的纸质数据一致。数据应当清晰、可读、易懂、可追溯，数据保存应当确保能够完整地重现数据产生的步骤和顺序。

② 根据生产、检验或其他相关记录中的签名能够追溯至数据的创建者、修改人员及其他操作人员。

③ 生产和检验所用计算机化系统应当经过验证，相关用户分级管理与权限应当设置合理。

④ 关键批次的关键数据产生应当使用数据审计跟踪系统确保数据可靠性。不具备数据审计跟踪功能的仪器设备，应当有足够的措施保证其数据可靠性。

⑤ 质量研究各项目，例如溶出度/释放度、有关物质、含量/效价等关键质量属性研究的原始记录、实验图谱及实验方法学考察内容，其原始数据应当完整可靠，电子数据格式应当与所用的仪器设备匹配。

（四）生产现场核查结果判断原则

① 经对生产过程及商业化生产条件实地确证，以及对生产过程中原始记录、数据进行核实，经核查确认发现以下情形之一的，核查认定为"不通过"：

a. 存在严重偏离药品生产质量管理规范等相关法律法规，可能对产品质量带来严重风险的或者对使用者造成危害情形；

b. 编造生产和检验记录和数据；

c. 隐瞒记录和数据，无合理解释地弃用记录和数据，或以其他方式选择性使用记录和数据导致对药品质量评价产生影响；

d. 故意损毁、隐匿记录和数据或者其存储介质等故意破坏记录和数据真实性的情形；

e. 无法证明能按照申报的上市商业化生产条件实现持续稳定生产；

f. 存在严重的数据可靠性问题，关键数据和记录无法溯源，导致对药品质量的评价产生影响；

g. 拒绝、不配合核查，导致无法继续进行现场核查；

h. 法律法规规定的其他不应当通过的情形。

② 经对生产过程及条件实地确证，以及对生产过程中原始记录、数据进行核实，未发现申报资料真实性问题，具备药品上市商业化生产条件，且发现的问题不构成以上不通过情形的，核查认定为"通过"。其中，发现与申报资料不一致或数据可靠性问题但可能不影响对药品质量评价的，或者虽基本具备药品上市商业化生产条件但尚需进一步完善的，需审评重点关注。

第三章

药品质量监督

▪ ▪ ▪ ▪ ▪

　　国家药品监督管理局根据法律授权及法定的药品标准、法规、制度、政策，对药品研、产、供、用的质量（包括进出口药）及影响药品质量的工作进行监管。药品质量监督的目的是保证药品质量，保障用药安全，维护人民身体健康和用药的合法权益。实施药品质量监督才能有效保障公众用药权益，维护公众健康，保护合法企业的正当权益，建立并维护健康的药品市场秩序。

第一节　药品质量监管机构及质量管理体系

一、药品质量监管机构

1. 国家药品质量监管机构

　　我国药品监督管理体制经历了多次变化（图3-1）。1998年前，药品监管由卫生行政部门和药政部门负责；1998年成立国家药品监督管理局（SDA），负责全国药品监管；2003年组建国家食品药品监督管理局（SFDA），扩大管理范围至食品、保健食品和化妆品，2008年改为由卫生部管理；2013年成立国家食品药品监督管理总局（CFDA），直属国务院。这些变化反映了我国社会体制、政治体制和经济体制的演变。2018年，国家工商行政管理总局、国家质量监督检验检疫总局、国家食品药品监督管理总局以及国务院反垄断委员会办公室等整合

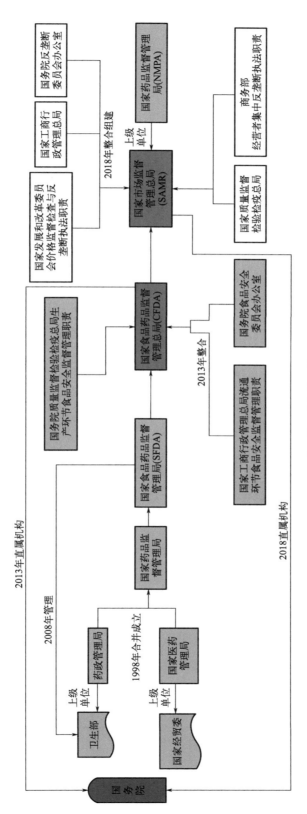

图 3-1 我国药品监督管理体制变化

为国家市场监督管理总局，单独组建国家药品监督管理局（NMPA），由国家市场监督管理总局（SAMR）管理。

2. 制药企业药品质量监管机构

公司质量管理在总经理的领导下，由质量总监全面负责质量管理工作，根据权限划分为质量保证（QA）和质量控制（QC）模块。在原来生产 QA 管理制度的基础上，增设药品研发、产品储运 QA，有效监控产品的各个环节，实时监督药品的质量动态，实现药品全生命周期的系统质量控制，参见图 3-2。

二、质量管理体系

1. 质量管理体系（QMS）

国际标准化组织于 1987 年最早发布了 ISO 9000 系列质量管理体系标准，最新版为 ISO 9001：2015，突出了"过程方法""PDCA 循环""基于风险的思维"的理念和七项质量管理的原则。

虽然 ISO 9000 系列质量管理体系标准不属于 GMP 范畴，但作为世界质量管理体系标准，对制药企业有着不可忽视的影响。ISO 的 PDCA（Plan-Do-Check-Act）质量管理体系模型是通过循环迭代实现持续改进的方法，涵盖计划、执行、检查与修正四个阶段（图 3-3）。Plan 阶段明确目标并制定行动方案，分析现状与资源需求；Do 阶段实施计划并收集数据，可能在小范围试点；Check 阶段对比实际结果与目标，分析差距及原因；Act 阶段标准化成功措施或调整改进，推动下一轮循环。该模型强调数据驱动、系统性及灵活性，适用于 ISO 9001 等标准，通过不断优化流程、产品和服务质量，促进组织动态完善与问题解决，是质量管理的核心工具。

2. 质量体系（QS）

"质量体系"模型是美国 FDA 在 2006 年 9 月发布的《行业质量体系与药品 cGMP 法规指南》中提出的。这一模型借鉴了 ISO 的科学和风险管理原则，用于指导产品质量标准的建立、生产过程偏差的调查、CAPA 措施的实施等药品 cGMP 生产活动，以帮助药品生产企业实现"将质量建立于产品之中"的 cGMP 要求。美国 FDA 将其"质量体系"模型概括为六大体系和四个方面。

六大体系指质量体系、厂房设施与设备体系、实验室控制体系、物料体系、包装与标签体系和生产体系。四个方面包括管理层职责、资源配置、生产运行及分析评估。

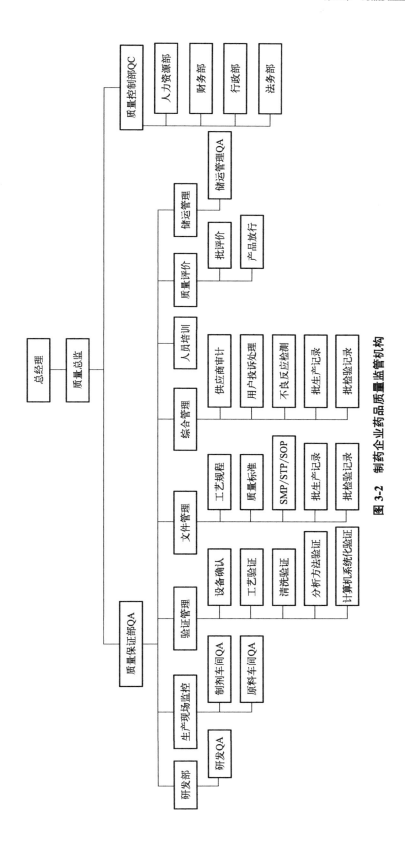

图 3-2 制药企业药品质量监管机构

美国 FDA 质量体系模型（图 3-4）紧扣药品 GMP 主题，六大体系的划分强调了以质量体系为基础和支撑，与其他五大体系既相对独立存在又彼此依赖互补的一个具有监管科学性、企业管理系统性、GMP 法规符合性的有机集合体。

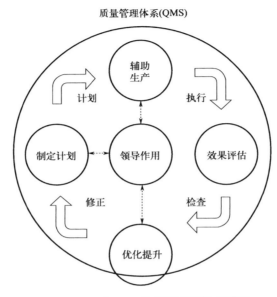

图 3-3 ISO"PDCA"质量管理体系模型

图 3-4 美国 FDA 质量体系模型

3. 药品质量体系（PQS）

《药品生产监督管理办法》第 26 条规定："从事药品生产活动，应当遵守药品生产质量管理规范，建立健全药品生产质量管理体系，涵盖影响药品质量的所有因素，保证药品生产全过程持续符合法定要求"。GMP只是质量保障的一部分，所以有关药品法律法规要求企业必须建立质量管理体系。

"药品质量体系"模型是ICH在2008年发布的第十个制药行业质量指南《Q10药品质量体系》中提出的。ICH Q10吸收了ISO质量管理体系的理念，融合了GMP以及ICH《Q8药品研发》与《Q9质量风险管理》的相关内容，尤其是将提出的"药品生命周期"的理念细化为药品研发、技术转移、商业生产、产品终止四个阶段，强调药品生产质量对研发知识的依赖性，以及持续改进与创新在药品生命周期中的重要性，见图3-5。

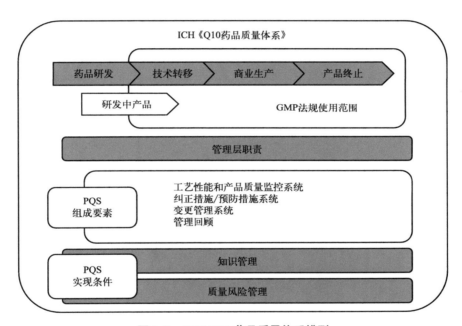

图3-5　ICH Q10药品质量体系模型

4.药品全生命周期管理

对药品全生命周期过程中药品质量的系统化管理，就是以产品为主线，对从产品研发、技术转移、商业生产至产品终止（包括药品退市或转型）这四个阶段中的每一过程、环节、关键节点，依据风险、全方位流程化系统性有效衔接的管理；是以科学为基础，对各个环节中可能出现的风险预判、监测和把控的管理；是对自研发阶段积累的药品科学认知和药品生产实践中不断丰富的经验的管理。表3-1列举了药品全生命周期四个阶段所涉及的主要活动。

目前国际上对药品生命周期监管主要分为两种模式：一种是传统的按上市前、上市后区分的分段式监管模式；另一种是从药物非临床研究、临床研究、药品注册、生产许可、商业生产、营销、使用、监督管理直至淘汰退市的全链条监管模式，也就是全生命周期管理模式。

药品全生命周期管理目的是确保药品安全有效、质量可控，并保障药品的可及性。这是一个复杂的系统工程，大系统里面有小系统，每个小系统各有特点，又相互联系，环环相扣，缺一不可。

表 3-1 药品全生命周期四个阶段所涉及的主要活动

产品研发	技术转移	商业化生产	产品终止
● 研发项目管理 ● 原料药开发 ● 给药途径开发 ● 试验用药开发 ● 制剂开发 ● 物料供应商选择 ● 生产工艺开发和中试规模放大 ● 分析方法开发、确认或验证 ● 包装、标签开发 ● 研发知识、相关文件管理	● 技术转移项目管理和资源配置 ● 研发产品场地间转移和工艺确认 ● 研发向生产场地转移/商业化规模放大和工艺验证确认 ● 不同生产场地间的产品转移和工艺验证确认 ● 设备清洁方法转移、确认或验证 ● 不同实验室间的分析方法转移、确认或验证 ● 研发、技术转移相关知识、文件的转移和管理	● 人员资质确认和岗位培训 ● 物料供应 ● 厂房设施设备配备、确认、维护和更新 ● 产品生产、包装和标签管理 ● 生产工艺、环境监控 ● 产品取/留样、检验、稳定性研究 ● 产品储存、放行、运输 ● 知识、文件管理 ● 客户、患者、市场、监管 ● 机构相关需求管理持续性改进	● 产品终止项目管理 ● 厂房设施设备的处置 ● 稳定性研究的完成 ● 产品留样的处理 ● 产品回顾性评估、报告的完成 ● 相关文件存档管理 ● 市场、监管机构相关要求的完成

三、制药企业质量管理体系的构建

制药企业应以严格的国内外先进质量管理法规为基础，建立涵盖研发、生产和销售的药品全生命周期质量管理体系，确保药品安全、有效，实现药品全生命周期的系统控制，见图3-6。

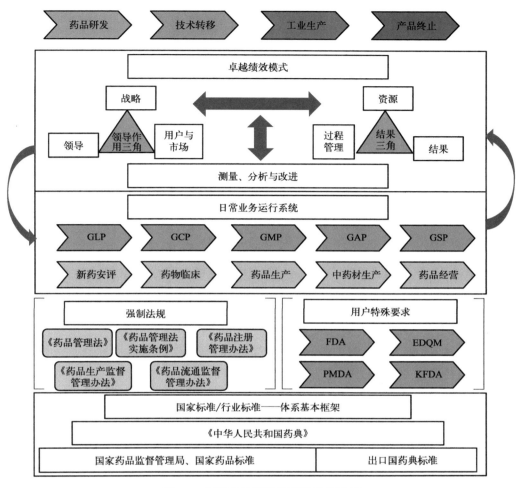

图 3-6　制药公司质量管理体系架构图

EDQM 为欧洲药品质量管理局；PMDA 为日本医药品医疗器械综合机构；

KFDA 为韩国食品药品监督管理局

第二节　药物研发质量管理体系

一、遵循依据

　　制药企业在药品研发和药品 GMP 生产过程中，根据《药品生产质量管理规范（2010 年修订）》（以下简称 GMP）的要求，同时参考国际组织、国外药品监管机构、行业协会，如国际人用药品注册技术协调会（ICH）、世界卫生组织（WHO）、药品检查合作计划（PIC/S）、美国食品药品监督管理局（FDA）、欧洲药品管理局（EMA）、国际标准化组织（ISO）等发布的相关指导原则和技术标准，为企业在药品的全生命周期管理过程中，不断提高质量管理的有效性提供科学的方法和参考工具。

二、质量管理体系在研发管理中的应用

药品研发同其他产品或行业的研发有共性也有不同。大多数产品的研发都会经历"基础研究、应用研究、早期开发、后期开发、产业化研究、商业化生产"等几个不同的项目阶段，有共性的管理方法，通过一系列管理程序确保研究项目的成功。下面重点对研发项目管理（工艺开发阶段的质量系统采用研发项目管理）提出管理要求，同时借鉴 GMP 质量系统的主要要素，如变更管理、偏差/偏离管理、纠正与预防措施（CAPA）管理、自检管理和记录管理等。

（一）实施研发质量管理体系的目的

① 规范研发过程，保证研发质量，提高研发效率，促进高质量药品的开发并获得可持续、稳定生产出符合预期质量水平产品的生产工艺。

② 识别必要的关键质量属性和工艺控制参数，确保持续稳定的商业化生产，并通过提交监管部门申报资料，与监管部门进行有效沟通，充分说明产品的安全、有效和持续可控。

③ 通过体系化的管理程序确保研发数据真实可靠、可追溯，为申报资料的数据可靠性提供保障。

（二）工艺开发阶段的研发质量管理

1. 创新药研发对 GMP 和质量管理的需求

药物研发历程一般包括 5 个阶段：早期研发、临床前研究、临床研究、提交申报、药物上市后监测阶段，见图 3-7。

① 早期研发阶段，即甄别和立项阶段。进入临床前研究阶段，重点包括项目的时间管理、费用管理、质量管理、采购管理，其中核心是质量管理。同时，需要注重项目的风险管理、范围管理、人力资源管理。需重视前期调研，避免专利侵权和违法违规现象的出现，这几年国内出现了各类专利纠纷如"氨氯地平对映体的拆分专利侵权纠纷""奥氮平专利侵权纠纷案""醋酸奥曲肽专利纠纷"等，这些案例带来诸多启示。

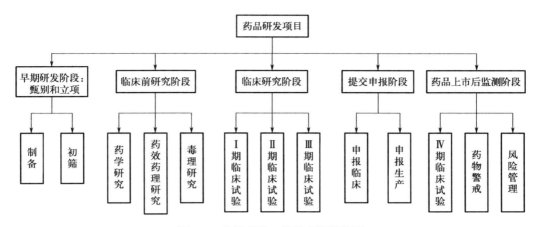

图 3-7　药品研发工作的分解结构图

范围管理是指对项目包括什么与不包括什么的定义与控制过程。对于一个新的药品研发项目而言，启动阶段范围管理的作用是在项目启动前研究的基础上，利用一定的工具以项目章程等方式对项目后续的范围加以说明。药品研发项目启动前的研究是对各种需求的研究，如市场需求、技术需求、企业发展战略、法律需求等，是确定项目范围的重要依据。该阶段需更多地关注于产品的基础性调研，包括产品的理化性质、剂型特征、辅料间的相互作用、生物药剂学特征及药动学参数，尽可能多地掌握所要研发药物的性质，对药品研发范围及以后在过程中可能会遇到的问题有一个前瞻性的认识和考虑。

② 临床前研究阶段。药效药理研究及毒理研究的质量管理通过 GLP 的实施即可以得到有效控制。图 3-8 就药学研究阶段的质量管理内容作一分解，将此阶段的管理内容分为 9 个部分。这些内容并不太复杂，但是内容繁多，每一个部分都会对最后的产品质量产生直接的影响。

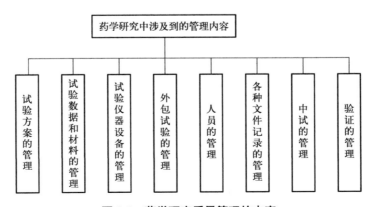

图 3-8　药学研究质量管理的内容

③ 临床研究阶段。临床研究阶段应注重对临床试验基地的资质选择及质量管理。严格实施 GCP，积极参与临床试验基地的质量管理。坚决杜绝基地的伦理委员会流于形式，以致受试人员的安全健康、试验数据的合法性都无从保障的现象。试验设计，试验记录的保存，试验药物的来源、发放与销毁，以及受试人员的原始文件等，所有这些记录的建立及保存要准确、可靠、可溯源。

④ 提交申报阶段。提交申报阶段要重视试验结果的总结和再造，除了按最初的目标形成资料完成申报外，总结研发过程的经验和教训等是研发项目收尾时的重要工作。进一步深入研究研发过程中的新发现的问题，可能又会有新的收获。在研发过程的收尾阶段对文件记录的整理存档是申报阶段最主要的工作。前期研究阶段是否执行了良好的质量管理规范，在这时得到了最终检验。现在很多企业在面临现场核查的时候就出现档案资料缺失的情况，给企业造成了不可估量的损失。在药品研发项目的管理方面，过程文件和记录的完整保存对于保证研发活动的持续顺利进行非常重要。文件记录要由专人管理，更改要遵循程序规范。做到每项工作有文件规范、有记录、有专人负责、受到监控，特殊事件有审批程序，任何环节都要做到可控、可溯源。

药品上市后监测阶段：确保药物安全性和有效性的关键阶段。主要包括三个方面。①Ⅳ期临床试验，在药物获批后开展，通过对大规模患者（数万患者）长期跟踪，评估药物在实际医疗环境中的疗效，并识别罕见或迟发性不良反应。例如，通过Ⅳ期试验发现长期使用某心血管药物可能增加肝功能异常风险。②药物警戒，依托自发报告系统（如 FDA 的 FAERS、我国的 ADR 监测系统）收集医务人员和患者反馈的不良事件数据。通过大数据分析，快速识别潜在安全信号。③风险管理，根据监测结果采取分级措施：修订说明书（如新增禁忌症）、限制高危人群使用，或极端情况下撤市。

不同研发阶段的活动和目标存在差异，随着阶段的递进，对患者的影响风险增大，对药物的安全性和有效性的要求也相应提高，CMC（化学、制造和控制）领域和 GMP 方面的监管也随之加强。为了确保目标的实现，应根据不同阶段的特点，通过风险评估设计并建立相应的质量管理体系，避免管理过度造成浪费，不影响研发的时效性，又能保证实现药品研发目标。

2. 仿制药研发对 GMP 和质量管理的需求

在大多数情形下，仿制药的研发历程较创新药相对简单，包含工艺开发、工艺放大、注册批和生物等效性试验（BE）批生产（需要时）、商业化生产前的工艺验证阶段。同样，随着研发进程的推移，质量管理的要求也在不断提高。当仿制药的工艺放大在商业化生产线进行时，需遵循该生产线的生产管理要求；仿制药的注册批生产应完全符合GMP；对于需要开展生物等效性研究的仿制药，BE批生产过程的管控与创新药确证性临床试验用药品的制备要求一致，需严格遵循GMP。

3. 研发质量管理体系的建立

研发活动从实验室到车间的过程中会存在频繁的变更，同时研发活动总是会涉及人员、设备仪器、厂房设施、物料、分析检测、记录、文件等多个方面。这些活动对应质量、物料、设备设施、生产/制备、实验室控制、包装/贴签六大管理体系，可根据不同阶段，对六大管理体系建立不同的策略。

（1）质量管理体系 药品研发阶段是不断发展的，随着研发阶段的递进，质量管理要求更加严格，直至达到商业化生产的质量体系的要求。

① 建立质量手册。应建立质量手册或同等作用的文件，规定质量方针、质量管理体系范围、管理层职责、组织机构和职责分工、各个活动的执行规则。研发质量目标离不开管理层的支持，管理层须确保质量管理体系的有效性，实现质量目标。关于质量手册的建立和管理层职责规定可参见ICHQ10。

② 偏差管理。研发过程中的任何阶段都可能存在对文件或方案制订等的偏离，或产生异常数据，其记录形式、调查、审核和批准的程序应根据阶段不同执行，药品研发阶段质量管理体系建立的偏差管理建议见表3-2。

表3-2 药品研发阶段质量管理体系建立的偏差管理建议

阶段	特点	偏差管理
早期开发阶段	● 早期成药评价和工艺处方摸索阶段，处方工艺未确定，其不确定性和不可预见性强，变更频繁 ● 主要目标是工艺处方摸索，为工艺处方的理解和开发奠定基础，不是临床供应，应将研发的知识信息进行管理 ● 人员具备科学背景	● 因为工艺处方未定，当批次失败，只需在实验记录本记录问题，但应分析原因，积累产品和工艺知识，指导下一步研发方向 ● 尽管现阶段并不强制建立偏差管理规程，但需建立规章制度规定书写错误、违反实验室操作等行为的处理方式，规范人员操作，确保数据可靠性

续表

阶段	特点	偏差管理
毒理研究	● 该阶段为验证和完善实验室研究所确定的工艺或处方，在这个过程中因生产条件的变化，工艺或处方可能需要不断调整 ● 遵循 GLP	● 失败批次的调查应更深入，以能更好地了解产品和工艺，采取针对性强的措施改进产品和工艺 ● 建议建立规程以规范人员操作，为数据可靠性提供保障
Ⅰ期临床	● 在早期阶段，原料的路线、工艺、起始物料等以及制剂的剂型、处方工艺、规格等存在多变性 ● 随着临床阶段的进展，受试人群数量加大，对药品安全性、有效性要求逐步提高，因药学变更可能会对受试者安全性和（或）临床试验结果的科学性造成影响，故需全面谨慎地评估变更所引入的质量风险并开展相关研究 ● 对于药学变更研究活动，根据其阶段遵循相应阶段的管理 ● 随着临床阶段的发展，GMP 监管要求也应随着临床阶段而不断加强，QA 的监管应随之逐步加强以保证质量体系符合相应阶段的管理	● 生产和分析检测偏差或者其他意外事件，若不影响产品质量可直接将事件情况和预防整改措施记录于批记录或其他辅助记录 ● 若不符合注册申报的处方和关键工艺，启动正式的偏差管理系统，进行调查，调查的程度取决于事件的严重程度。因本阶段为安全性临床研究，在进行调查时需要关注对于安全性的影响 ● 对于工艺处方，此阶段不一定能够找到最可能的根本原因才实施整改措施，可以确定几个可能原因而采取改进措施，以改进工艺和处方。但是应尽可能调查出根本原因，以保证改进措施的有效性
Ⅱ、Ⅲ期临床	● 可考虑临床每个阶段进行总结报告，以审查工艺开发活动和结果。报告应包括对临床生产、扩大规模、技术转移、特性研究等过程中所遇到的偏差和意外结果的评估 ● 若在Ⅱ期或Ⅲ期临床阶段开展工艺验证，均需在工艺验证开展之前，建立 GMP 体系	● QA 应主导偏差管理，确保偏差记录在批记录中，并启动偏差管理进行调查。随着临床进展，调查须越来越彻底。到Ⅲ期临床，偏差管理系统应符合 GMP 要求

③ 纠正和预防措施（CAPA）。研究过程的发现与结论，偏差与 OOS（实验室偏差），临床试验过程的反馈，质量审计、自检，新的法规、药典的实施，新技术的应用等均是研发阶段纠正和预防措施的来源。研发是探索产品和工艺的可变性，并以此制订控制策略的过程。

④ 变更控制。创新、持续改进、工艺性能和产品质量监测结果及 CAPA 都会导致变更。变更是研发过程的固有部分，应有文件记录，以保证变更的可追溯性。应通过风险评估管控变更，因为研发阶段的目标不同、风险程度不同，评估的程度和形式应与之相匹配。为确保变更的科学和技术合理性，应根据变更的影响范围，确定由相关领域的具有相应专长和知识的专家团队，对提议的变更进行评估。药品研发阶段质量管理体系建立的 CAPA 和变

更管理建议见表 3-3。

表 3-3　药品研发阶段质量管理体系建立的 CAPA 和变更管理建议

阶段	CAPA 管理	变更管理
早期开发阶段	● 研究过程中发现的问题经过调查采取的控制策略均应记录，记录于实验本或以其他方式进行有效追踪 ● 实验室审计缺陷可采取升级文件、改正现场状况以及加强人员培训等措施，这些可通过审计报告或培训记录表现	● 规章制度、组织机构的变更执行审批 ● QTPP（目标产品质量概况）不发生变更的情况下，任何实验的变更无须启动变更控制规程，只需要记录在实验本上即可。建议按照项目管理的方式实施管理 ● 若 QTPP 发生变更，参照项目管理的方式，组织相关人员进行评估 ● 建议质量研究批 / 实验室放大时，建立审批版的试验方案，形成报告，批准和回顾变更
毒理研究	● 研究过程中发现的问题经过调查采取控制策略均应通过研究方案升级或记录在实验本或批记录中 ● 审计缺陷可采取升级文件、改正现场状况以及加强人员培训等措施，这些可通过审计报告或培训记录表现	● 规章制度、组织机构、文件、毒理批的质量标准的变更遵循变更管理进行记录 ● 药学变更可通过中试方案的变更或会议纪要、试验记录、批记录的修订等记录变更过程 ● 临床前试验方案变更遵循 GLP
Ⅰ 期临床	● 遵循 Ⅰ 期临床 GMP 管理、执行 CAPA 管理	● 建立变更控制管理规程，管理规章制度、组织机构、文件以及处方和关键工艺、质量标准的变更 ● 应规定药学变更根据变更级别进行不同的管理和评估。因 Ⅰ 期工艺处方存在多变性，故在生产过程中大概率会发生一些变更，对于微小的药学变更可直接记录于批记录，但都应对变更进行评估。药学重大变更应按照书面变更管理程序进行，按照药品注册管理办法更新 IND 申报资料 ● 临床试验方案变更遵循 GCP
Ⅱ 期临床、Ⅲ 期临床	● 遵循 GMP 管理、执行 CAPA 管理 ● 到 Ⅲ 期临床，CAPA 管理系统应符合 GMP 要求	● Ⅱ 期临床试验可参考 Ⅰ 期临床建立变更控制管理规程。到临床 Ⅲ 期临床，应完全遵循 GMP 建立变更控制管理系统 ● 临床试验方案变更遵循 GCP

（2）物料管理体系　研发各个阶段都应该建立物料管理体系，对供应商的选择和管理及物料的采购、接收、入库、清验、放行、贮存、发放、退库等进行规定。要求会因研发的不同阶段存在差异性，如物料质量标准和放行原则。

（3）设备设施管理体系　试验活动离不开设施、设备和仪器，需设计、配备与研发产品类型、阶段、规模相匹配的研究场所、设施和设备仪器,基于项目时效性以及数据可靠性要求,需要对设备设施系统建立必要的管理规程以及进行必要的确认。表 3-4 为药品研发阶段物料管理体系和设备设施管理体系建立的建议。

表 3-4　药品研发阶段物料管理体系和设备设施管理体系建立的建议

阶段	物料管理体系	设备设施管理体系
早期开发阶段	● 物料供应商的选择应进行风险评估,根据物料需求标准、供应商的质量标准、口碑、供货周期等进行选择。首选批准状态的物料 ● 物料来货后验收入库,查看 COA(检验报告)以及效期,确认满足需求。将 COA 归档,物料分类放置,尽量按照供应商建议的贮存条件放置,保证标识齐全,避免使用错误 ● 若供应商规定了物料效期,为保证研发数据的可靠性,应在效期内使用;如有特殊需求,需提供科学依据 ● 为追溯物料去向,建立物料总的进出账目 ● 试验记录须记录物料的名称、供应商、批号、数量,以追溯 ● 对于特殊温湿度贮存条件,建议有在线监测系统,并对探头进行定期校准。根据风险评估是持续监测还是定期监测 ● 对于细胞,需建立研发和生产细胞库的维护记录(如液氮罐与瓶的位置),并记录在日志或笔记本上;拟考虑用于商业化的 MCB(主细胞库)和 RS(储备细胞库)的贮存温度控制应符合 GMP 要求	● 根据研发目标和产品特性建立、选择适合的设施和设备,同时需考虑人员安全和产品污染 ● 设施设备根据风险评估进行安装确认,关键仪表定期校验 ● 根据供应商的建议建立设备维护、清洁、校准周期 ● 建立实验场所管理制度,对实验室场所、人员、物料以及数据管理等进行规定 ● 设备上的计算机系统作为设备的附属管理
毒理研究	● 物料到货后验收入库,尽量按照贮存条件放置,建立出入库记录。对于已经从仓库领取的原辅料,建议建立每次分发记录,追溯物料的去向 ● 根据风险评估,如果毒理批生产所使用设施设备与 I 期临床或者其他产品临床批生产相同,或者根据研发需求,在使用物料之前需对关键项目进行检验 ● 毒理批批记录须记录物料的名称、供应商、批号、数量,以追溯	● 基于风险评估,参考早期开发阶段或 I 期临床阶段的需求建立,选择适合的设施和设备 ● 建立相应的管理规程,如维保、清洁、消毒程序,满足毒理研究对微生物限度、内毒素等需求 ● 根据风险评估校准设施设备并验证确认。测量的设备、仪器需进行校准和维护保养 ● 对设施设备仪器进行风险评估,建立相应的数据管理政策 ● 对计算机系统,建议进行风险评估,对关键系统的关键项目确认

续表

阶段	物料管理体系	设备设施管理体系
Ⅰ 期临床	• 遵循 Ⅰ 期临床 GMP 管理建立供应商管理规程，供应商资质的确认程度取决于风险（开发阶段和物料的关键性决定） • 根据工艺开发知识评估物料的关键性 • 建立物料标准，标准的建立可参照药典，物料标准以及检测频率基于对产品的风险性以及开发阶段制定 • 建立物料管理规程，包括验收、贮存、放行、领用等。物料到货后查看 COA，验收，入库，归档 COA，物料分类放置，按照供应商建议的贮存条件放置，保证标识齐全和包装完整性，避免混淆。物料的发放遵循"先进先出"或"近效期先出"原则 • 对于关键物料评估，可根据供应商 COA 以及鉴别进行放行使用。鉴别的件数根据风险评估确定 • 建议对试剂等大量的生产使用物料领取后建立使用台账，追溯物料的去向，保证物料的平衡 • 批记录须记录物料的名称、供应商、批号、数量，以追溯 • 应避免使用动物 / 人源性原材料，以避免外源物质。如果使用，需要提供物料的安全证明	• 设施设备应适合于预期用途，便于清洁和维护，防止交叉污染和污染，同时保护人员安全 • 根据 Ⅰ 期临床 GMP，建立设施设备的清洁、消毒 / 灭菌程序，人、物流的传递，废物处理以及活性物质的灭活处理等规程，以防污染和交叉污染 • 关键设施（如直接接触中间产品或终产品）应进行适当的确认和监测，以保证满足人体需求的安全性要求 • 洁净室区域级别和空气质量以及设备选型应满足产品工艺需求，特别要考虑到物料和产品的暴露情况 • 设施设备应按要求进行调试、校准和监测，关键设备也应进行确认，以确保其适合使用 • 建立设施设备的操作维护等规程并记录 • 根据风险评估，对关键性计算机系统进行确认以评估是否满足预期 • 在最初的临床生产时，对清洁工艺以及难以清洁的物质认知不足，因此应根据清洗步骤彻底检查，以确定最差条件下难以清洁的物质、位置和清洗工艺的能力 • 在清洁验证可行之前，建议每次临床生产运行后使用开发阶段适用的方法进行清洁确认，避免交叉污染
Ⅱ 期临床	• 参考 Ⅰ 期临床。根据风险，完善物料质量标准以及供应商管理	• 参考 Ⅰ 期临床，但风险提升、管控提升 • 关键设施设备应通过 IQ、OQ 和 PQ 程序进行调试和确认，并按照具体的总体规划进行维护。 • 非关键设施设备应通过预防性维护计划进行调试和维护
Ⅲ 期临床	• 遵循 GMP 管理，相对于 Ⅱ 期临床，物料标准需根据风险提高 • 供应商应在 Ⅲ 期临床完全确认，基于识别和减轻供应的风险（如果有可能，强烈建议有备份供应商） • 采用基于风险的方法确定供应商再评估周期	• 工艺验证趋于在上市后进行，参照 GMP • 应制定并实施有效的清洁消毒程序 • 建立管理规程，规定物料、设备和人员进出受控生产区域 • 根据评估，对于关键监测建立在线报警策略

（4）生产 / 制备管理体系　生产 / 制备体系主要是研发期间工艺操作和生产 / 制备环境以及工艺控制的管理。制备涉及"人、机、物、环"，应根据研发阶段的不同而建立相应的管理体系。

（5）实验室控制管理体系　研发阶段存在大量分析实验工作，对于实验活动的开展需建立的规程，重点包括：分析实验室的一般性管理要求、取 / 留样管理、数据可靠性管理、异常数据处理 /OOS 管理、稳定性研究、分析方法验证。在研发的不同阶段，应根据评估需求建立适当的场所和管理规程，包括分析方法。

（6）包装 / 贴签管理体系　研究阶段的包装和标签的选择、设计应有匹配的管理制度。早期阶段应确保包材对产品质量无不利影响，便于运输。应规定标签的设计审批、制作和分发，如早期阶段可制作标识或手写标签，标明产品名称、规格、批号以及研究项目等信息。从 I 期临床申报批开始，建立符合 GMP 要求的标签起草审批管理流程以及分发台账。后期临床样品的包装和标签应结合 GCP 和 GMP 要求，建立内部设计、审批流程，以及放行、分发管理流程。如果标签为外部供应商制作，应评估供应商资质。

药品研发阶段的生产 / 制备、实验室控制、包装 / 贴签管理体系的建议见表 3-5。

表 3-5　药品研发阶段的生产 / 制备、实验室控制、包装 / 贴签管理体系的建议

阶段	生产 / 制备	实验室控制	包装 / 贴签
早期开发阶段	● 人员应接受实验常规操作、实验室管理等培训，并了解 GMP 原则，以能保证遵循良好的记录管理 ● 记录试验和分析测试活动，并定期总结开发活动 ● 记录包括所使用物料的供应商、批次、量、工艺关键步骤和参数等关键信息	● 根据产品特性及质量设计原则，选择、开发和确认分析测试方法 ● 分析试剂的贮存和有效期参照供应商所提供的资料 ● 保留的样品足够后续桥接对比所需 ● 建立实验室管理规范，根据要求建立 EHS 管理 ● 开展稳定性研究	● 科学评估选择合适的包装材料以及包装形式，满足产品贮存和运输要求，并考虑包材相容性 ● 内包装的选择需避免污染、泄漏、破损等 ● 标签信息清楚，可手写也可自己设计打印
毒理研究	● 需准确记录毒理批和参比标准品，以便以后与临床 /GMP 批具有可比性	● 分析设备须校准，必要时至少做系统适用性确认，建立维护保养规程 ● 分析方法可进行方法的专属性、灵敏度等关键项目验证	● 试验样品按照要求的条件（如控制温度、避光等）存放。包装材料和标签需满足贮存需求 ● 标签可设计打印

续表

阶段	生产／制备	实验室控制	包装／贴签
Ⅰ期临床	● 应对生产建立控制策略，从Ⅰ期临床开始建立工艺流程图并识别关键质量属性（CQA）和关键工艺参数（CPP），并设定可接受标准／范围 ● 使用批记录记录活动，尽管初步识别了工艺参数，但因为工艺或处方存在多变性，建议批记录设计包括关键步骤方便记录，同时又具备通用性，可灵活方便记录其他信息供收集积累，如现阶段工艺过程控制（IPC）的验收标准和结果尚未设定，应充分记录IPC，以确定后期工艺控制	● 应建立检验记录管理规程，记录分析过程和结果 ● OOS结果应进行科学的调查，查找发生原因 ● 实验室设备根据评估进行确认，定期维保 ● 分析仪器、天平、移液器等应进行校准，建立定期校准以及维保计划 ● 分析方法至少完成除"耐用性"外所有参数的确认 ● 安全性项目（无菌、内毒素、支原体）等需验证 ● 建立试剂管理规程，根据供应商的建议设定检测试剂的有效期和储存时间 ● 留样至少满足Ⅰ期临床质量标准的双倍检测量	● 遵循Ⅰ期临床GMP管理执行 ● 标签设计需审批，使用可自行打印／印刷 ● 贴签应做好批次间的清场，做好标签平衡 ● 若临床样品更新标签，应不覆盖原始批号、有效期等关键信息，换签需做好培训，并复核 ● 标签的材质、黏性应考虑冷冻等特殊贮存温度，避免掉落
Ⅱ期临床	● 随着阶段的递进，应该对标准和程序进行定期进行审查，以确保它们仍然有效，并与现阶段的法规和技术要求相适应 ● 随着临床阶段的进展，应建立更详细的批记录，包括可接受的标准或目标值。Ⅱ期临床应建立标准批记录，Ⅲ期临床批记录应包括中间控制项目以及可接受标准	● 同Ⅰ期临床管理。分析方法根据产品研发需求开发，以满足产品特征研究需求 ● 留样除考虑常规留样，需考虑后续研究，如冻存细胞、中间产品、原液等	● 须证明包装满足预期用途，保证产品的内在和外在质量需求 ● 标签的审批和贴签管理同Ⅰ期临床 ● 若标签为外部供应商制作，应进行资质评估（如问卷），同时签署质量协议
Ⅲ期临床	● 在进行工艺验证前应确定工艺，并以文件形式确定并记录 ● CQA和CPP应随着阶段的递进完善，Ⅱ期临床应初步设定CPP以及可接受范围。在工艺性能确认（PPQ）批次开始前，应根据实验室研究数据和风险评估，识别所有CPP，并为注册／合格批次的生产设定范围	● 实验室管理遵循商业化GMP ● 分析方法进行全验证	

（三）质量控制

1. 质量标准的建立

质量标准的建立应充分考虑不同开发阶段的目的及特点，使用风险评估的方法建立合适的质量标准。在药物开发的后期阶段，产品质量标准应遵循药典及 ICH Q3、Q6、M7 等的相关要求建立。而在早期开发过程中，考虑到开发阶段的目的（将该产品推进临床，以进行安全性和初步疗效评估）和特点（产品处方工艺变更频繁），质量标准可以主要考虑产品安全属性、已识别的产品质量和均一性控制属性。早期研究阶段质量标准应考虑的内容如下。

（1）性状　　性状是判断临床试验用药品是否准确无误的最直观证据，性状标准应包括药物制剂的颜色、气味等。

（2）鉴别　　鉴别对于判断临床试验用药品正确性至关重要，在早期开发阶段，单一方法的鉴别试验是可以接受的。

（3）含量　　早期通常可以设置 90.0% ~ 110.0% 的标准，含量标准用于确保临床给药剂量的准确性并保障受试者安全，同时为批间一致性控制提供依据。

（4）杂质与降解产物　　在早期开发阶段可以基于毒理研究建立标准，可以设置与 ICH 指南相比更高的鉴定阈值和界定阈值。

（5）其他　　可以根据产品不同剂型及风险评估确定其他质量控制项目，如注射剂产品的安全属性包括可见异物、细菌内毒素、无菌等控制项目。另外，对于部分质量控制项目在前期可以检验积累数据而不建立具体的标准限度。

2. 分析方法

在前期开发过程中，分析方法的主要目的之一是确定原料药和制剂的效力，以确保临床试验过程提供正确的剂量。方法还应能够识别杂质和降解产物，并允许对关键质量属性进行表征。需要使用这些分析方法以确保批次具有一致的安全性，并建立关键工艺参数的知识，以控制和确保不同批次临床试验用药品生产和临床生物利用度的一致性。分析方法验证主要考虑方法的专属性、灵敏度等关键项目。

在药物开发的后期阶段，应考虑分析方法的可操作性和适当的耐用性等，并进行全面的分析方法验证。

应建立分析方法验证方案，并按照方案实施分析方法验证工作，对不同开发阶段的分析方法验证项目建议见表3-6。

表3-6　不同开发阶段的分析方法验证项目建议

分析方法类型	早期临床研究阶段	后期临床研究阶段
鉴别	专属性	专属性、耐用性
含量	专属性、准确性	专属性、准确性、重复性、中间精密度、线性、范围、耐用性
杂质（定量检查）	专属性、准确性、定量限	专属性、准确性、重复性、中间精密度、线性、范围、耐用性、检测限、定量限
杂质（限度检查）	专属性、检测限	专属性、检测限、耐用性

3. 稳定性研究

在早期开发阶段，稳定性考察的主要目的是为获得适当的数据来支持拟用于研究的临床试验用药品的贮存和有效期的制定。由于此时对产品的了解较少及产品批次有限，ICH稳定性指南可能不完全适用。

（1）稳定性研究批次　在早期开发阶段可以使用实验室研究批次进行初始稳定性研究并建立临床试验用药品有效期，该研究批次应与拟用于临床试验的批次保持相同或相似的处方工艺及包装。应对实际用于临床研究的批次同步进行稳定性考察，以确认产品有效期。

（2）批次数量　在早期开发阶段，可以根据一批产品稳定性考察结果初步建立产品有效期。

（3）考察时间　在早期开发阶段，稳定性考察的时间可以根据临床研究的需要设置，通常可以考察较短时间，也可以考察更长时间以支持可能的临床研究计划延迟或延长等情况。稳定性数据应能支持制剂的理化参数在计划的临床研究期间符合要求。

（4）变更　在已经有代表性批次稳定性数据的情况下，不需要对相同处方工艺和包装形式的每一批临床试验用药品均进行稳定性考察，但当处方工艺或包装形式发生变更时，应基于评估识别可能对稳定性产生的影响参数并决定是否需要开展新的稳定性考察。

在后期开发阶段，随着对产品了解的加深及出于注册递交的目的，应按照ICH稳定性指南开展稳定性研究。

第四章

药品研发安全与环保

第一节　概述

一、安全

安全，《现代汉语词典》定义为"没有危险；平安"。然而，绝对的安全并不存在。人类对安全的认知随着科学技术的进步和人类社会的发展不断提高，且始终围绕着如何保护人体不受到伤害这一根本。最原始的安全意识是一种自我保护的本能反应，如下雨时躲避、远离火灾现场等。一般而言，人们都能正确理解安全的含义，积极防范危险发生，并且适当远离危险源。

随着社会的发展，危险的种类及其涉及的领域已超出了大众所了解的基本范围。经过对安全的不断研究，目前已形成了系统、专业的安全科学。这门学科关注的领域涉及人类生活、生存空间、生产活动等各个方面，包括人身伤害、职业疾病、财产损失、设备损坏、环境污染等。

二、危险和危害

危险是指潜在存在于人类活动各领域的，可能造成人身伤害、财产损失、环境危害等的状态。危险有一定的突发性和瞬时性，危险的可能性与安全条件和概率有关。例如，甲醇虽是实验室常用的溶剂，但有毒，若使用不当，便有可能使人失明甚至死亡。

危害是指使人受到伤害、财产受到损失、环境被破坏等的行为或状态。危害在一定的时间范围内有积累作用。如暴露于噪声和粉尘的环境中，人体健康会受到损害。

三、事故

伯克霍夫定义事故为人（个人或集体）在为实现某种意图而进行的活动过程中，突然发生的、违反人的意志的、迫使活动暂时或永久停止的、迫使之前存续的状态发生暂时或永久性改变的事件。事故应包括两个方面，即非正常发生的事件以及由此而导致的后果。对于既没有造成人员伤害，也没有造成物质损失的事故，称为未遂事故。

美国著名安全工程师海因里希提出 300 ∶ 29 ∶ 1 法则。该法则认为，1 个死亡重伤害事故背后，有 29 起轻伤害事故；29 起轻伤害事故背后，有 300 起无伤害未遂事故，以及大量的不安全行为和不安全状态存在。它们之间的关系可以形象地用"安全金字塔"来表示，如图 4-1 所示。也就是说，大量的未遂事故是出现伤亡事故的征兆。因此，要分析统计造成死亡后果的事故及大量出现的未遂事故，从而找到事故发生发展的规律，消除不安全行为和不安全状态，从而防患于未然。

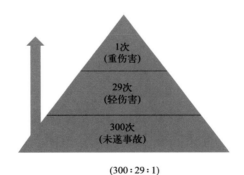

（300∶29∶1）

图 4-1　海因里希法则

四、安全管理

安全管理是以安全为目的，运用现代安全管理的规则、原理和方法，进行有关的决策、计划、组织和控制方面的活动。从组织、技术和管理等方面采取有效的措施，解决和消除各种不安全因素，以达到保障安全的目的。

五、环境污染与环境保护

环境污染是指自然或人类直接或间接地向环境排放某种物质或能量，因超过环境的自净能力使其质量降低而产生危害的现象。具体包括水污染、大气污染、噪声污染、放射性污染等。近年来，随着社会经济的发展，环境污染问题越来越突出，已成为需要世界各国共同关注和研究解决的重要课题之一。

环境保护是指人们应用环境科学的理论和方法，采取技术、行政、法律、经济等多种手段和措施，来协调人类与环境的关系，防止环境的污染和破坏，保护自然资源并使其得到合理的利用，使环境能够适合人类的生存活动的各种行为的总称。根据《中华人民共和国环境保护法》规定，环境保护的内容包括保护自然环境、防治污染和防止其他公害等。由此可见，环境保护涉及的范围相当广泛，综合了自然科学、社会科学等大部分学科知识，并有其独特的研究对象，如自然环境、人类生存环境、地球生物等。

总之，人类的发展历史也是人类对安全的认识过程。最初，因为人类对事故和灾害无能为力，所以只能听天由命。随着生产方式的变更，进入早期工业化社会后，人们对安全的认识提高到经验论水平。20世纪50年代，人们认识到事故是可以预防的，人们对安全的认识进入系统论阶段。20世纪90年代以后，人类社会进入信息化时代，超前预防的综合安全管理模式成为安全管理的发展趋势。

我国安全管理的发展是从20世纪50年代引入现代安全生产管理理论、方法、模式后开始的。到20世纪末，我国与世界工业化国家同步研究并推行了职业健康安全管理体系。进入21世纪以来，在超前的主动预防型综合安全管理模式的基础上，出现了安全风险管理理论的雏形。该理论大致包括危险源辨识、风险评价、危险预警与监测管理、事故预防与风险控制管理及应急管理等。目前，我国安全管理正朝着现代安全管理模式稳步发展。

社会发展导致环境污染问题越来越严重，这逐渐引发了人们的关注。20世纪环境生态学的标志性事件，是1962年美国生物学家蕾切尔·卡逊出版《寂静的春天》。因为该书阐释了杀虫剂DDT对环境的污染和破坏，所以引起了美国政府的重视，并于1970年正式成立了环境保护局，开始制定并通过禁止生产和使用有机氯剧毒杀虫剂的相关法律。

1972 年在瑞典斯德哥尔摩召开的联合国人类环境会议上发表的《人类环境宣言》，开启了关于环境问题的国际性对话、合作和讨论，并将会议的开幕日 6 月 5 日定为"世界环境日"，环境保护事业由此正式引起世界各国政府的高度重视。从此，全世界开始对环境污染问题进行研究和治理，实行建设项目环境影响评价制度和污染物排放总量控制制度，从单项治理发展到综合防治。

我国的环境保护事业起步于 1973 年，国务院成立环保领导小组及其办公室，在全国开展"三废"治理和环保教育。经过了多年的发展，我国环保事业已经从最初的末端管理转变成了推进绿色发展、循环发展、低碳发展，把生态文明建设放在突出位置，并融入经济建设、政治建设、文化建设等各方面和全过程的持续发展阶段。

第二节　实验室安全与环保

一、实验室安全环保隐患主要来源

要保证实验室安全，做好环境保护，实验室应该进行严格的规范管理，保证消除影响实验室安全与环境保护的隐患。但是许多实验室无论是在空间安排、实验材料管理、规范操作方面，还是人员防护、实验用电和用气等方面都存在不同程度的安全隐患。对实验室存在的安全隐患状况进行详细分析，并结合实验室安全与环境保护要素，可将实验室主要安全环保隐患来源分为以下五类。

1. 实验室的规划、设计、建设及配套设施

要实现实验室的安全环保，从实验室的规划、设计和建设时就需要充分考虑很多因素，实验大楼在规划、设计时也必须严格执行国家现行的有关方针政策和法律规范等。目前，我国已有许多这方面的设计规范、施工规范。如《科学实验室建筑设计规范》（JGJ 91—93）、《生物安全实验室建筑技术规范》（GB 50346—2011）等，就是根据实验大楼所从事的学科研究特点，在规划、设计和建设上尽可能满足技术先进、安全可靠、经济合理、确保质量、节省能源和符

合环境保护等的要求而制定的。

如果实验室的结构、布局、空间安排及建成后的配套设施等不科学、不合理，则均有可能产生安全环保隐患。具体表现为：①实验室结构布局不合理，实验区域划分不正确，对有危险或可能产生危害的区域未有效隔离，实验室不具备足够的空间供设备存放和人员操作等；②实验室装修材质不符合要求；③没有通风设施或通风设施不符合要求，不具备污水排放前的处理装置；④实验室基础建设不符合实验等级要求，超负荷用电或用电设计不符合要求；⑤消防设施不齐备或过期；⑥未准确设置应有的危险标识，安全通道不符合要求或标识不清，高危实验室缺乏监控、紧急处置和救护设施等。

2. 实验室人员

进入实验室的人员包括教师、学生以及其他相关人员。实验室人员的不规范操作和安全意识淡薄常常会引起安全隐患，主要有以下方面的问题：①从事实验的人员进入实验室前未接受安全教育或培训，没有达到实验室的准入许可条件；②实验人员不熟悉或未落实实验室有关安全的规章制度；③实验人员不了解自己所要进行的实验可能存在的安全隐患，如对所处环境存在的安全隐患及对使用的实验材料的危险性缺少认知等；④实验指导人员未进行设备仪器操作、实验方法的安全预试和对其他人员的培训；⑤实验人员可能存在心理或生理上的异常等。

3. 实验室材料及废弃物

实验室中经常使用一些危险的实验材料，常见的危险实验材料主要有：①各类化学品，特别是具有剧毒、易燃易爆、强腐蚀、麻醉等特性的危险化学品；②存在传染风险或被污染的细菌、病毒、动植物等生物类实验对象；③特殊的实验物品，如放射源。实验过程中还有可能产生危险废弃物。这些危险实验材料及废弃物都可能存在安全隐患，主要体现在：①实验材料的购买、运输没有按要求进行报批、申领；②实验材料的保管和使用没有按照国家和学校的相关制度执行；③实验产生的危险废弃物（废水、废气等）没有按照规范进行存放和处置等。

4. 仪器设备和防护设施

实验室的仪器设备种类繁多，很多实验会用到具有尖端技术、贵重精密的设备设施，有些实验还会用到高温高压或带放射性的特种设备。仪器设备和防护设施存在安全隐患的因素：①实验所用装置设备的设计、生产、安装、使用不符合产品的技术要求；②设备设施不符合实验要求；③未进行定期检测、维护，并及时维修、报废；④未明确标识操作要求及注意事项；⑤实验场所没有按要求配备喷淋装置、洗眼器等有效防护设施；⑥未正确穿戴实验服、手套等有效的个人防护装备等。

5. 实验方法及工艺流程

由于实验本身具有探索性，可能存在安全隐患，在实验开始前，如果未对实验方法或实验工艺进行安全评估，则可能导致安全隐患和危险发生。例如，未对实验要使用的实验材料特性进行分析评估，实验方法的危害性未经证实和确认，实验的工艺流程不科学、不合理等。

二、安全环保事故类型

通过对近年来发生的安全环保事故的情况分析，可将事故大致分为火灾事故、爆炸事故、化学事故、电气事故等。

1. 火灾事故

引发火灾事故的原因较多，主要原因：①实验材料保管不当引发火灾，如实验室存放的易燃易爆物质遇到热源或火源；②实验（燃烧反应、化学反应等实验）过程中产生的高温物质和火源可能引发化学火灾；③实验设备设施使用不当引发火灾，如过载、短路、导线接触不良、用电设备操作不当等可能引发电气火灾；④人为疏忽，如忘记关电源、乱扔烟头、忘记关闭酒精灯或电炉等。

不少实验室正是由于上述原因，发生了各种各样的火灾事故。例如，实验时使用酒精灯不慎引燃周边可燃物，导致实验室起火；石油醚洒落地上未及时清理，挥发弥漫达到燃烧浓度，遇冰箱启动电火花发生火灾；操作台下药剂储柜内存放金属钠，遇水自燃；进行实验时，实验人员中途离开，未能及时监控实验过程，导致火灾发生。这些火灾事故大多会造成巨大的经济损失，烧毁实验室和设备，造成研究成果、软件、设计文档、论文资料的损失，有些严重的事故还会造成人员伤亡。

2. 爆炸事故

实验室发生爆炸事故的主要原因：①实验室的易燃易爆物品管理不当，若发生泄漏、受热、撞击、混放等，可能发生爆炸；②高压、高能的实验装置操作不当或不合格，易引发爆炸事故；③实验设备老化、存在故障或缺陷，造成易燃易爆物品泄漏、压力过大；④生产工艺不完善等。

可能出现的实验室爆炸事故有：用机械温控冰箱储存化学试剂，因试剂微泄漏，遇冰箱电火花引发爆炸；实验室存放过量过氧化甲乙酮，因操作不当发生爆炸；私自切割残存少量易爆化学品的废弃反应釜管路；存放石油醚的试剂瓶未加盖便存放入电冰箱，石油醚挥发，当浓度达到爆炸下限，遇冰箱电火花引发爆炸；实验时，误将硝基甲烷当作四氢呋喃投到氢氧化钠中，发生爆炸；实验室烘箱超期使用，因线路短路引发爆炸；实验室烘箱因大量做样，烘箱内有机物质挥发又没有及时排出导致爆炸；亚氯酸钠与有机物混合反应可能引发爆炸；做氧化反应实验时，添加过氧化氢、乙醇等试剂速度太快，发生爆炸。爆炸事故一旦发生，往往会造成严重后果，不仅导致人员死伤，整个实验室，甚至实验大楼都可能被摧毁。

3. 化学事故

实验室发生化学事故的主要原因：①违规操作或错误操作，如使用易挥发的化学试剂时，不按操作要求，不及时加盖，或蒸馏或浓缩易挥发的有毒化学试剂时，未在通风柜中进行操作等；②实验室管理不善，如化学物品、废弃物没有按规定分类存放，随意乱倒有毒废液、乱扔废物；③实验室设备设施老化或缺失，如通风设施不能将有毒气体收集、排放，无废弃化学品收集器等；④在实验室进食、饮水，误食被污染的食物；⑤不按规定穿戴防护用品等。

近年来，不少实验室由于上述原因，发生了腐蚀、烧伤、中毒、窒息、火灾和爆炸等各种各样的化学事故。例如，操作人员在通风柜内用塑料注射器将叔丁基锂戊烷溶液从一个封装的容器转移到另一个容器时，因操作失误导致注射器滑出，溶液喷溅，引燃操作人员穿戴的化纤类衣物和橡皮手套；实验时打翻装有甲基丙烯酸酐和丙烯酰氯液体的瓶子，没有及时清理，吸入毒性气体；实验过程中误将一氧化碳气体接入其他实验室；实验人员直接用手拿盛放三氟乙酸的瓶子，手掌和大拇指内侧接触到瓶子上残留的少量三氟乙酸，造成深度烧伤；实验人员未选用合适的防护手套，高毒性有机汞穿透手套导致神经性中毒；实验人员因在连续实验期间在实验室睡觉，未发现氩气泄漏，造成实验人员窒息死亡；进行有机合成实验时，未对尾气进行处理就直接排放，造成大气污染；实验产生的废液随意乱倒、乱排，导致周围环境及地下水污染。

4. 电气事故

电气事故也是实验室中普遍存在且又极易发生的事故。电弧、电火花和表面高温都可能破坏电气设备的绝缘性能，烧毁绝缘层，引起电气火灾或爆炸事故；实验仪器设备使用时间过长，出现故障、老化或缺少必需的防护装置，也会造成漏电、触电和电弧、电火花伤人等事故。

近年来实验室发生过的典型电气事故：①实验室线路老化，短路产生的电火花引燃装修材料；②维修用电设备时，操作失误，将螺丝刀掉在火线上，造成实验室跳闸停电；③将电源线的零线误插到火线的位置上，开机后导致仪器设备电脑主板烧坏；④操作人员穿橡胶底运动鞋进行静电喷漆操作，使人体带电，当操作者接触设备时发生静电放电，导致火灾发生。

三、实验室安全预防措施

1. 火灾预防措施

① 易燃物和强氧化剂分开放置。

② 使用易挥发的可燃物质时，实验装置要严密不漏气，严禁在燃烧的火焰附近转移或添加易燃溶剂。

③ 使用酒精喷灯前应先检查盛酒精的壶有无酒精外漏，酒精蒸气出口处有无局部阻塞。

④ 易挥发的可燃性废液应收集在专用容器中，不得倒入水槽。可燃废物如浸过可燃性液体的滤纸、脱脂棉等应放入安全容器，并按安全规程处理。

⑤ 实验室内严禁吸烟。

⑥ 实验室内应备有砂桶、灭火器等防火器材。

⑦ 实验结束离开实验室前，仔细检查酒精灯是否熄灭，电源是否关闭。

2. 爆炸预防措施

① 在点燃氢气、乙烯或乙炔等可燃性气体前，必须检验纯度，且发生器应

远离明火。

② 蒸馏时，仪器系统不可完全密闭。使用气体时，应严防气体发生器或导气管堵塞。

③ 在减压蒸馏时，不可用平底或薄壁烧瓶，所用橡皮塞也不宜太小，否则易被抽入瓶内或冷凝器内，造成压力的突然变化而引起爆炸。操作完毕后，应待瓶内液体冷到室温，小心放入空气后，再拆除仪器。

④ 对在反应过程中可能会有爆炸危险的实验，应使用防护屏和护目镜。

⑤ 长期静置或加热的银氨络盐溶液是一种强爆炸性物质（存在叠氮化银 AgN_3），因此不应长期放置银氨溶液。加热或混合这种溶液时，必须十分小心。

3. 中毒预防措施

① 凡是能产生有毒气体的实验，必须在通风橱内进行。必要时戴上防毒口罩或防毒面具。

② 使用气体吸收剂来防止有毒气体污染空气，如氯气可以通过氢氧化钠溶液或活性炭吸收。

③ 有毒的废物、废液要倒在专设的废物 / 废液桶里，由实验员经过预处理后再酌情处理。

④ 禁止在实验室内饮食或利用实验器具贮存食品，餐具不能带进实验室。

⑤ 手上如沾到药品，应用肥皂和冷水洗除，不宜用热水洗，也不可用有机溶剂洗手。

⑥ 皮肤上有破伤，不能接触有毒物质。

⑦ 处理液溴、氯化氢、氯气、氰化物、甲醇、氯仿、四氯化碳、苯、硝基化合物、苯胺、酚类等药品及试剂时，要严格遵守操作规程，必要时，可戴防护目镜和橡胶手套。

⑧ 实验室经常注意通风，即使在冬季，也应适时通风。

4. 用水安全预防措施

① 上水或下水：水龙头或水管漏水时，应及时修理。

② 冷却水：输水管必须使用橡胶管，不得使用乳胶管。

③ 超纯水：应按照操作规程进行操作；取水时应注意及时关闭取水开关，防止溢流。

④ 节约用水，禁止"长流水"现象发生，实验室用水完毕后应该立即关闭。实验结束后，检查用水设备，全部关闭后，方可离开。

5. 用电安全预防措施

① 实验室内应使用空气开关并配备必要的漏电保护器；仪器连线必须使用带有接地的三根线的护套线；大功率实验设备用电必须使用专线，严禁与照明线共用，谨防因超负荷用电而着火；电气设备和大型仪器须接地良好，对线路老化等隐患要定期检查并及时排除。

② 实验室固定电源插座未经允许不得拆装、改线，不得乱接、乱拉电线，不得使用闸刀开关、木质配电板和花线；需要对墙电进行维修、改造时，必须由持有电工证的专业电工操作。

③ 除非工作需要并采取必要的安全保护措施，空调、电热器、计算机、饮水机等不得在无人情况下开机过夜。

④ 实验室内未经审核批准，严禁使用电加热器具（包括电炉、电取暖器、电水壶、电饭煲、电热杯、电熨斗、电梳子等），实验室的安全用电用水及其闸阀启闭等工作由实验室管理人员负责。

⑤ 在有电加热、电动搅拌、磁力搅拌及其他电动装置参与的化学反应及反应物后处理运行过程中，实验人员不得擅自离开，更不能无人值守。

⑥ 维修仪器时必须切断电源，方可拆机修理；如遇线路老化或损坏应及时更换；若有人遭遇断电或绝缘脱离的情况，需立即展开急救。

⑦ 实验室内的用电线路和配电盘、板、箱、柜等装置及线路系统中的各种开关、插座、插头等均应经常保持完好可用状态，熔断装置所用的熔丝必须与线路允许的容量相匹配，严禁用其他导线替代。室内照明器具都要经常保持稳固可用状态。

⑧ 对实验室内可能产生静电的部位、装置要心中有数，要有明确标记和警示，对其可能造成的危害要有妥善的预防措施。

第三节 实验室安全与环保管理体系

构建科学、有效的实验安全与环保防范保障体系，逐步建立和完善安全管理与环境保护长效机制，形成全员参与的安保文化习惯，是建设绿色安全生产环境的基本保证。

安全与环保管理体系大致可以分为六个部分，主要包括组织建设、制度建设、培训机制、督查机制、安全防护设施建设、信息化管理。

一、组织建设

建立职责明确的组织机构，是确保相关管理工作顺利推进的必要条件之一。主要包括管理机构建设和技术支持队伍建设，从管理和技术方面来保障安全管理工作的实施。

1. 安全管理工作组

要实现安全管理工作规范化、科学化，国家相关职能管理部门及学校或企业各级领导必须高度重视，将责任层层划分，各司其职，确保安全管理工作在各个环节顺利推进。一般学校实验室安全与环境保护工作组按校级、院级、实验室进行三级管理，将实验室安全与环境保护管理责任落实到个人。

通常，校级实验室安全与环境保护管理工作组成员包括分管实验室安全与环境保护工作的校领导、保卫处、实验室及设备管理处等相关管理部门以及学院等单位负责人，主要负责学校安全工作的总体规划、相关管理制度的制定、安全工作的监督实施等。

院级实验室安全与环境保护管理工作组成员包括学院（系、所）等单位负责人、专（兼）职安全管理秘书、学生协防队员等，主要负责组织、实施本单位实验室安全与环境保护的具体工作，为工作提供组织保障和人员保障。

实验室安全与环境保护管理工作成员包括实验室主要责任人、实验室老师、实验参与者等，主要负责本实验室的各项具体的安全工作。

2. 安全与环境保护专家组

由于安全与环境保护管理工作涉及学科多，专业知识要求高，因此由各领域、学科和部门的专业人员组成的专家组，可以在安全与环境保护评估认证、制订安全标准、安全技术指导、事故鉴定、规范安全管理等方面起到最直接的技术支持作用。同时，专家组还可以作为安全与环境保护的督导专家，督促检查安全和环保工作。

3.安全与环境保护学生协防队伍

安全管理工作不仅由学校和老师来实施，而且要充分发挥从事实验的主体之一——学生的作用，所以组织学生参与到安全管理工作中来既是一件有深刻意义的事，也是推动安全与环境保护工作的一项必要措施。通过各类培训教育，身处安全第一线的学生可以利用自己所学的专业知识，深入到实验室进行检查，及时发现安全隐患并提出整改意见，及时上报重大安全隐患，同时将检查情况与该单位安全秘书或安全负责人沟通，推进问题的解决，进行安全常识宣传，强化安全意识。

二、制度建设

1.法律法规

国家不断完善相关法律法规，为各单位落实安全与环保管理工作提供制度保障和依据。现有主要法律法规如下。

① 在安全管理方面，有《中华人民共和国安全生产法》《中华人民共和国职业病防治法》《中华人民共和国消防法》《中华人民共和国劳动法》等。

② 在行政法规方面，有《劳动保障监察条例》《特种设备安全监察条例》《使用有毒物品作业场所劳动保护条例》《危险化学品安全管理条例》《国务院关于特大安全事故行政责任追究的规定》《民用爆炸物品安全管理条例》等。

③ 在部门规章方面，有《危险化学品建设项目安全监督办法》《危险化学品登记管理办法》《国家职业卫生标准管理办法》《放射性同位素与射线装置安全和防护条例》《特种作业人员安全技术培训考核管理办法》等。

④ 在环境保护方面，《中华人民共和国宪法》第九条、第十条、第二十二条、第二十六条规定了环境与资源保护相关内容。另有《中华人民共和国环境保护法》《中华人民共和国水污染防治法》《中华人民共和国大气污染防治法》《中华人民共和国固体废物污染环境防治法》《中华人民共和国水污染防治法实施细则》《中华人民共和国大气污染防治法实施细则》《放射性同位素与射线装置安全和防护条例》《危险化学品安全管理条例》《陆生野生动物保护实施条例》等。此外，《中华人民共和国刑法》在第六章第六节中增加了破坏环境资源保护罪。

各省市及各行业还制定了各类相应的规范或规定。

2. 学校管理制度

学校管理制度一般由校级管理制度（含应急预案、准入制度等）、院级管理制度、实验室级管理制度等组成；各级管理制度应根据国家法律法规，结合学科特点，具有适用性和可操作性，如《四川大学实验室安全与环保管理条例》《四川大学危险化学品管理办法》等。

3. 企业管理制度

企业应制订完整的管理制度及操作规程。加强研发规范化管理，建立健全研发管理制度，提高研发风险管理水平。

三、培训机制

在已发生的意外事故中，人为因素占主要部分。据统计，由人为因素造成的安全事故比例高达 88%，通过科学合理的安全教育与培训可有效减少事故发生的概率。

1. 建立准入制度

为了增强学生安全与环保意识，提高突发事故应急处理技巧与能力，学校应结合实际情况，制订切实可行的安全与环保培训方案，建设适合学科特点的安全培训教程，并将其纳入学分课程体系。同时，将学生及实验人员培训是否合格作为实验室准入的必要条件之一。

2. 安全教育培训

除了课堂学习安全知识外，还可以通过多种形式加强安全培训。例如，组织各类消防演练、防灾演习、逃生体验等活动，普及消防知识，增强学生自救能力；通过安全宣传周、安全知识竞赛以及大学生创新项目等多种形式，规范每个人的行为，最终使安全文明形成一种文化习惯。

四、督查机制

1. 安全与环境保护检查

安全与环境保护检查，是根据相关安全标准、规范等制订检查条款，按条款对潜在隐患进行判别检查，认真督促安全检查结果的整改，从而可有效预防安全事故的发生。目前经常使用的安全检查方式有消防公安部门、环保部门等管理部门组织的专项检查，学校管理部门组织检查，各学院等单位自查，专家组及学生协防队员巡查，各实验室日常检查等。

2. 安全与环境保护认证

对开展的实验和实验室进行安全与环保合格认证。安全与环保合格认证包括对实验室建设、仪器设备、工艺流程、危险实验材料、实验废弃物预处置及实验室防护设施等要素进行综合预先危险性分析，按照一定的标准和要求进行评价，做出以上要素是否合格的结论。对不合格的实验室要执行限期整改，严重的可暂时关闭实验室，直至整改达到合格标准方能批准开展实验。

3. 安全与环境保护量化考核

实验室在运行期间应做好过程管理，安全量化考核是过程管理的一种方式。根据国家相关标准、规范等制订量化考核标准，结合实验室安全与环境保护检查结果，以及检查人员和相关人员给出的评分，对实验室安全与环境保护进行量化考核。该考核结果可以计入对责任人及所属单位的业绩考评。对不合格的实验室要采取暂时封闭、限期整改等措施，直至合格方能重新开放运行。

五、安全防护设施建设

实验室安全防护设施建设是安全保障的具体实施。安全防护设施包括仪器设备安全防护装置、消防设施、急救设施、个人防护装备、监控预警设施等。安全防护设施应定期检查，对已损坏或不能满足防护要求的设施进行维修、升级、改造，对已过期的防护设施及时更新，从而提高实验室安全与环境保护技防能力。

六、信息化管理

实验室安全与环境保护管理工作繁杂多变，涉及地点、人员众多，单纯依靠人工不利于管理工作的开展。充分利用互联网无地域局限的优势，是实验室安全与环境保护管理工作的发展趋势。目前国内已有高校开始使用互联网进行实验室安全与环境保护培训及考试管理，这一举措为将安全教育覆盖到所有进入实验室的人员创造了有利条件，也使安全教育的形式和手段更加多样化，而实现实验室人员、实验材料、设备、实时监控等的信息化管理，将大大提高安全管理效率和实验室的安全性。因此，通过互联网来实现实验室安全管理的科学化、规范化、动态化、实时化等更多管理功能是非常必要的，也是信息化发展的必然结果。

第五章

药学专业人员的职业素养

■　■　■　■　■

第一节　职业素养的内涵

一、职业素养

美国著名心理学家麦克利兰于 1973 年提出了一个著名的模型，即"素质冰山模型"，生动阐述了"职业素养"这一概念：冰山以上部分代表知识和技能，是基本素养；冰山以下部分则指代职业素质，包括职业道德、职业态度、职业行为习惯、思维能力与判断力、人生目标等，是需要通过不断学习与工作获得的关键能力。

二、药学专业人员职业素养

药学是一门研究药物的科学，涵盖了药物的发现、开发、生产、质量控制、作用机制、临床应用、药物疗效和安全性评估等多个方面。综合运用化学、生物学、医学、物理学、数学等多学科的知识和技术，探索药物的性质、疗效和适用性，保障药物的有效性和安全性，提高药物治疗水平，维护人类的健康。

药学专业主要是培养具备药学基本理论、基本知识和实训技能，能在药品生产、检验、流通、使用和研究与开发领域从事药物鉴定、药物设计、一般药物制剂及临床合理用药等方面工作的高级科学技术人才。

药学专业人员的职业素养是指在从事药学实践活动中所应具备的素质、知识和技能的总和，包括职业道德、职业态度、职业行为、职业技能和职业形象等多个方面，是评价其专业水平和社会价值的重要标准，具体体现在以下几个方面。

1. 职业道德与规范

药学工作人员应遵守药学职业道德规范，包括但不限于不伤害原则、有利原则、尊重原则和公正原则。这要求从业人员在执业活动中，不断提高履行医学道德基本原则和规范的自觉性和责任感，逐渐形成良好的药学道德信念和养成良好的药学道德行为、习惯和风尚。

2. 专业知识与技能

药学专业人员需要掌握与药学相关的数学、物理学、化学、生物学、医学等学科的基本理论与方法，以及药物化学、药剂学、药理学、药物分析等学科的基本理论、基本知识。此外，还应具备药物研究与开发、药物生产、药物质量控制、药物临床应用的基本能力。

3. 社会责任感与健康素质

药学专业人员应具有强烈的社会责任感和职业道德，同时形成良好的体育锻炼和卫生习惯，培养健全的心理和健康的体魄，同时需具备正确的终身学习观念和自主学习能力，以及较强的计算机应用能力。

4. 沟通与团队合作能力

药学专业人员应具有较强的表达能力、人际交流的能力及团队合作精神。这是协调药学领域中各种人际关系，以及在药学服务过程中有效处理患者投诉的关键。

总之，药学专业人员的职业素养要求不仅限于掌握专业知识和技能，还应具备道德品质、社会责任感，保持身心健康，提升沟通协作能力，以确保能够胜任药物研发、生产、检验、流通、使用和管理等领域的工作，为人类健康事业作出贡献。

第二节　药学专业岗位类型与职责

药学专业的岗位类型主要包括药物研发、药物生产、药物质量研究、药品注册、药品销售、药品监管以及临床药学等。

一、药物研发岗位

1. 药物合成方向

职责：化合物设计与筛选；合成路线开发；反应条件优化；化合物纯度鉴定与结构表征。

岗位要求：具备深厚的有机化学、药物化学知识，熟悉各种有机合成反应机理和反应条件；熟练掌握实验室常用的化学合成设备和分析仪器的操作；具有良好的实验设计能力、数据分析能力和解决问题的能力，能够独立开展合成实验并优化实验方案。

2. 药物制剂方向

职责：制剂处方设计；剂型开发与优化；制剂稳定性研究；制剂质量控制与评价。

岗位要求：具备药物制剂学、物理药剂学、工业药剂学等专业知识，熟悉不同剂型的特点和制备工艺；熟悉制剂设备（如压片机、胶囊填充机、注射剂灌装机等）的操作和维护。

3. 药物分析方向

职责：分析方法开发；质量标准建立；样品分析与检验；分析方法验证与转移。

岗位要求：精通分析化学、药物分析等学科知识，熟悉各种分析方法的原理和应用范围；熟练操作各种分析仪器（如高效液相色谱仪、气相色谱仪等），并能进行仪器的日常维护和简单故障排除；具备严谨的工作态度和较强的数据分析能力，能够准确撰写分析报告和质量标准文件。

4. 药物临床研究方向

职责：制订临床研究方案；组织和协调临床研究的实施；对临床研究数据进行统计分析；文件整理与归档，撰写临床研究报告。

岗位要求：熟悉临床医学和药学知识，熟悉药物研发流程、临床试验设计与实施规范；精通 GCP 等相关法规和伦理准则；具备数据管理和统计知识；具备出色的沟通能力，包括与研究人员、申办者、伦理委员会等各方进行有效沟通的能力；具备良好的书面表达能力，文件撰写能力等。

二、药物生产岗位

1. 原料药车间

职责：原料接收与检验；生产操作执行；过程质量控制；设备维护与清洁。

岗位要求：熟悉原料药生产工艺流程和化学反应原理，掌握基本的化学操作技能；能够正确操作和维护原料药生产设备，熟悉设备的工作原理和常见故障处理方法；具备一定的质量意识和安全意识，能够严格遵守生产操作规程和质量控制要求。

2. 制剂车间

职责：制剂生产准备；制剂成型操作；包装与贴签；清场与记录。

岗位要求：掌握药物制剂的生产工艺和操作技能，熟悉不同剂型的生产特点和质量控制要点；能够熟练操作制剂生产设备（如压片机、胶囊填充机、灌装机等）和包装设备（如贴标机、封口机等）；具有良好的质量意识和责任心，能够严格执行生产记录制度和清场制度。

三、药物质量研究岗位

1. 质量控制（QC）

职责：检验工作执行；检验数据处理与报告。

岗位要求：具备扎实的分析化学、药物分析等专业知识，熟练掌握各种药品质量检验方法和仪器设备的操作；熟悉药品质量管理法规和质量标准；具备较强的数据分析能力和实验操作能力。

2. 质量保证（QA）

职责：质量体系建立与维护；供应商审计与管理；质量监督与控制；质量风险评估与管理。

岗位要求：具备扎实的分析化学、药物分析等专业知识，熟练掌握各种药品质量检验方法和仪器设备的操作；熟悉药品质量管理法规和质量标准；具备良好的文件编写能力和质量管理知识，能够有效沟通和协调各部门之间的质量工作。

四、药品注册岗位

职责：法规政策研究；注册资料准备；注册流程跟进；注册策略制订。

岗位要求：精通药品注册法规和政策，熟悉药品研发和生产流程，能够准确把握注册要求与产品特点之间的联系；具有良好的文件撰写能力和资料整理能力，能够将复杂的药学、临床等研究资料转化为符合注册要求的申报文件；具备较强的沟通协调能力，能够与公司内部研发、生产、质量控制等部门以及外部药品监管部门、审评专家等进行有效的沟通。

五、药品销售岗位

职责：市场调研与分析；销售策略制订与执行；产品推广与宣传；客户关系管理。

岗位要求：具备市场营销、药学等相关专业知识，了解药品市场的特点和销售渠道；具备良好的沟通能力、谈判能力和团队协作能力，能够与不同类型的客户建立良好的合作关系；具有较强的市场分析能力和市场敏感度，能够根据市场变化及时调整销售策略和产品推广方案。

六、临床药学岗位

职责：临床药物治疗方案设计；药物治疗监测与评估；药物信息服务；临床药学研究与教学。

岗位要求：具备临床药学专业知识，熟悉临床药物治疗学、药代动力学、药效学等学科知识；具有良好的临床思维能力和沟通能力，能够与临床医护人员和患者进行有效的沟通，收集和反馈药物治疗信息；能够查阅和分析国内外临床药学文献，掌握临床药学研究方法，开展相关研究工作。

七、药品监管岗位

职责：法规政策解读与培训；药品审评审批（包括资料审评和现场核查）；生产与流通监管；不良反应监测；质量抽检与应急管理。

岗位要求：熟悉药学相关专业知识，熟悉国家和地方的药品监管法规、政策以及相关的法律法规；掌握药品审评审批、生产流通监管、不良反应监测等方面的具体规定，能够熟练运用法规进行监管工作；具备数据分析与风险评估能力；掌握药品监管执法程序和方法，能够依法开展现场检查、调查取证、行政处罚等执法工作。

第三节　药品生产企业组织框架及企业文化

一、组织框架

图 5-1 展示了药品生产企业的组织框架。

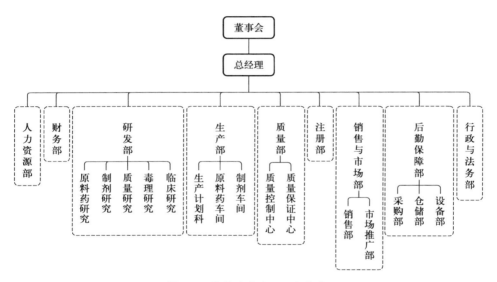

图 5-1　药品生产企业组织框架

二、企业文化

（一）概念

药品生产企业的企业文化是指企业在长期发展过程中形成的独特的价值观念、行为规范、管理理念和企业精神。它是企业的灵魂，对内能够增强员工的归属感和团队凝聚力，对外则是企业形象和品牌的重要体现。企业文化的重要性在于它能够引导企业发展方向，提升企业竞争力，塑造企业的社会形象，并且对企业的长期可持续发展起到关键作用。

（二）制订原则

（1）药品质量至上　药品质量至上是药品生产企业的核心竞争力。这要求企业在研发、生产、销售的每一个环节都坚持高标准、严要求，确保药品的安全性和有效性。

（2）安全生产　安全生产强调在药品生产过程中保障员工健康和环境保护。这要求企业遵守相关的安全生产法规，建立安全生产责任制，进行安全教育培训，以及定期的安全检查和风险评估。

（3）创新驱动　创新是药品生产企业持续发展的关键。创新驱动文化鼓励企业不断探索新的药物研发路径，采用新技术和新方法，以及开发新的商业模式。企业应建立创新激励机制，为员工提供创新的平台和资源，以促进新产品、新技术的诞生。

（4）社会责任　药品生产企业承担着维护公共健康的社会责任。社会责任文化要求企业在追求经济效益的同时，关注环境保护、公平交易和社区发展等社会问题。企业应通过公益活动、环保措施和公正的商业行为，积极履行社会责任，提升企业的社会价值。

（5）团队合作　团队合作是实现企业目标的重要保障。在药品生产领域，团队合作尤为重要，因为药品的研发和生产涉及多个部门和专业的协作。企业应建立有效的沟通机制，鼓励跨部门合作，认可和奖励团队成就，以培养员工的团队精神和协作能力。

（三）知名药企文化

药品生产企业的企业文化是多维度的，它不仅包括质量、安全、创新、责任和团队合作等方面，还应该随着时代的发展而不断进化。一个健康的企业文化能够提升企业的内在价值，增强企业的市场竞争力，同时也是企业对社会负责的体现。通过持续的文化建设，药品生产企业能够更好地服务于社会，保障公众健康。以下是不同药品生产企业现行的企业文化。

1. 正大天晴药业集团有限公司企业文化

核心价值观：做事先做人，欲速先健康。

企业宗旨：健康科技，温暖更多生命。

企业愿景：专注创新，服务病患，成为全球领先的制药企业。

天晴作风：自我否定，自我超越，不断创新，追求卓越。

天晴理念：以人为本。对内重视员工的成长与发展，建立优秀人才激励机制，让员工在岗位上实现自身价值；对外则将消费者视为衣食父母，尊重理解消费者，致力于研发更好的产品，提供更优质的服务。

2. 江苏恒瑞医药股份有限公司企业文化

核心价值观：创新、务实、专注、奋进。

企业宗旨：科技为本，为人类创造健康生活；锐意创新，攻坚克难造福患者；勇于担当，积极履行社会责任。

企业愿景：汇智创新，打造跨国制药集团。

3. 江苏豪森药业集团有限公司企业文化

核心价值观：责任、诚信、拼搏、创新。

企业宗旨：持续创新，提高人类生命质量。

企业愿景：致力于成为全球领先的创新驱动型制药企业。

人才理念：致力于凝聚乐于创新、勇于拼搏的有志之士，营造积极向上、多元开放的组织氛围，助力员工成长发展，实现个人价值追求。

4. 江苏康缘药业股份有限公司企业文化

核心价值观：厚朴远志，创新争先。

企业使命：振兴国药，报效祖国。

企业愿景：现代中药，康缘制造。

文化理念：传承精华，守正创新。强调企业在发展过程中既要继承和发扬中医药的传统精华，又要坚持创新，将现代科技与传统中药相结合，推动中药的现代化、国际化进程。

人才理念：科技强企、人才兴企。

第六章

药物研发案例

■　■　■　■　■

案例一　依达拉奉注射液的研发

【项目概述】

依达拉奉（Edaravone），化学名：3- 甲基 -1- 苯基 -2- 吡唑啉 -5- 酮。2001年 6 月经日本三菱制药公司研究开发在日本首次上市。本品为神经保护剂，具有自由基清除作用，临床上主要用于急性脑梗死和脑水肿，改善脑卒中后神经系统功能，减轻症状。

依达拉奉注射液是被临床验证有效的脑保护剂，因作用机制明确，临床疗效显著，不良反应少，也已成为国内脑卒中急性期治疗的一线用药。截至目前，依达拉奉已经被如下指南推荐：《中国急性缺血性脑卒中诊治指南（2023）》《中国脑出血诊治指南（2019）》《日本烟雾病（Willis 环自发性闭塞）诊治指南（2021）》。

2015 年和 2017 年，依达拉奉先后在日本和美国被批准治疗肌萎缩侧索硬化（ALS，俗称"渐冻人症"）。2020 年，依达拉奉被写入中国相关用药指南，用于治疗脑卒中，并纳入医保范围，医保类别为乙类。

一、依达拉奉的合成

【目的与意义】

1. 掌握依达拉奉合成的原理。

2. 掌握重结晶提纯方法和溶剂选择的原则。

3. 了解依达拉奉的作用机制和临床用途。

【反应式】

【主要试剂】

苯肼、乙酰乙酸乙酯、70% 乙醇、无水乙醇、浓盐酸、10% 氢氧化钠溶液、乙酸乙酯、活性炭。

【实验步骤】

1. 依达拉奉的制备

13.0 g（0.1 mol）乙酰乙酸乙酯和 5.0 mL 70% 乙醇混合，搅拌下，通过恒压漏斗，于 45 ℃滴加 10.8 g 苯肼（0.1 mol）和 3.0 mL 无水乙醇组成的溶液，大约 30 min 滴完，保温 20 min，冷却至室温，加入浓盐酸 1.0 mL，保温 45 ℃，反应 2 h，滴加 10% 氢氧化钠溶液调 pH 至 7.0，加水 20 mL，室温搅拌 1 h，过滤，得到淡黄色结晶，晶体用冷无水乙醇洗涤两次，干燥，称重，计算粗品收率。

2. 依达拉奉的精制

依达拉奉粗品与重结晶溶液（乙酸乙酯：无水乙醇 =1：2，体积比）按照质量（g）与体积（mL）比为 1：2.5 混合于茄形瓶中加热至全溶，加入适量活性炭，60 ～ 70 ℃回流 20 min，热过滤，滤液冷却析晶，过滤，得到白色结晶粉末，干燥称重，计算重结晶收率以及总收率。采用 200 ℃标准温度计测定熔点为 127.2 ～ 128.5 ℃。

3. 依达拉奉氢谱特征

取适量精制后的依达拉奉粉末，装入核磁管，加入氘代溶剂（DMSO-d_6），配制浓度为 5 ～ 20 mg/mL 的溶液。盖好核磁管后，测定其核磁共振氢谱，结果见图 6-1。

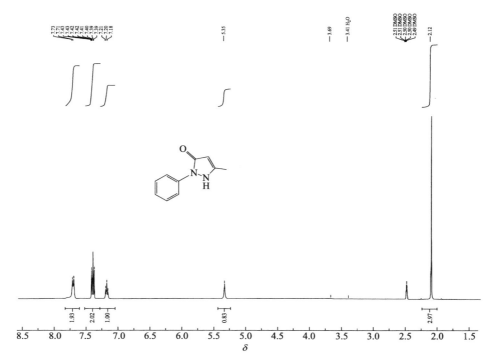

图 6-1　依达拉奉核磁共振氢谱

【思考题】

1. 在依达拉奉原料药的合成过程中，可能产生哪些杂质？

2. 采用乙酸乙酯和无水乙醇混合溶剂重结晶能够获得白色固体，而采用无水乙醇重结晶获得的产品呈浅黄色，是什么原因导致的？

二、依达拉奉的质量研究

【目的与意义】

1. 了解原料药质量研究的一般过程。

2. 掌握 HPLC 法进行有关物质检查的原理和方法。

3. 掌握电位滴定法测定药物含量的方法。

【主要试剂】

甲醇、乙醇（均为色谱纯），磷酸二氢铵、氢氧化钠、苯肼等（均为分析纯）。

【实验内容】

1. 性状

本品为白色或类白色结晶性粉末；无臭；在甲醇中易溶或溶解，在乙醇中溶解，在水中极微溶解或几乎不溶。

2. 鉴别

① 熔点。照熔点测定法（通则 0612）测定，本品的熔点为 126 ～ 130 ℃。

② 取本品 50 mg，加乙醇 2 mL 使溶解，加溴试液 2 滴，摇匀，溴试液褪色。

③ 取本品，加乙醇溶解并稀释制成溶液（8 μg/mL），照紫外 - 可见分光光度法测定，在 244 nm 的波长处有最大吸收。

3. 检查

（1）酸度　取本品 0.50 g，加水 50 mL，振摇 10 min，滤过，取滤液依法（通则 0631）测定，pH 值应为 4.5 ～ 5.5。

（2）乙醇溶液的澄清度与颜色　取本品 0.10 g，加乙醇 10 mL 使溶解，溶液应澄清无色；如显色，与黄色或黄绿色 1 号标准比色液（通则 0901 第一法）比较，不得更深。

（3）有关物质　照高效液相色谱法（通则 0512）测定。临用新制。

供试品溶液　取本品适量，加流动相溶解并稀释制成每 1mL 中约含 1 mg 的溶液。

对照溶液　精密量取供试品溶液适量，用流动相定量稀释制成每 1 mL 中约含 1 μg 的溶液。

系统适用性溶液　取杂质 I 对照品适量，加甲醇溶解并稀释制成每 1 mL 中约含 2 μg 的溶液，取 1 mL，加供试品溶液 1 mL，混匀。

色谱条件　用十八烷基硅烷键合硅胶为填充剂；以甲醇 -0.05 mol/L 磷酸二氢铵溶液（用 20% 磷酸溶液调节 pH 至 3.5）（50 ∶ 50）为流动相；检测波长为 245 nm；进样体积 10 μL。

系统适用性要求　系统适用性溶液色谱图中，依达拉奉峰与杂质 I 峰之间的分离度应大于 8.0。

测定法　精密量取供试品溶液与对照溶液，分别注入液相色谱仪，记录色谱图至主成分峰保留时间的 7 倍。

限度 供试品溶液色谱图中如有与杂质 I 峰保留时间一致的色谱峰，其峰面积不得大于对照溶液主峰面积（0.1%），其他单个杂质峰面积不得大于对照溶液主峰面积（0.1%），各杂质峰面积的和不得大于对照溶液主峰面积的 3 倍（0.3%）。

杂质 I：3,3′- 二甲基 -1,1′- 二苯基 -1*H*,1′*H*-4,4′联吡唑 -5,5′- 二醇或 4,4′- 双 -（3- 甲基 -1- 苯基 -5- 吡唑啉酮）。

$$C_{20}H_{18}N_4O_2 \qquad 346.38$$

（4）苯肼 照高效液相色谱法测定。临用新制。

供试品溶液 取本品适量，精密称定，加流动相溶解并定量稀释制成每 1 mL 中约含 1 mg 的溶液。

对照品溶液 取苯肼适量，精密称定，加流动相溶解并定量稀释制成每 1 mL 中约含 0.5 μg 的溶液。

色谱条件 用十八烷基硅烷键合硅胶为填充剂；以甲醇 -0.05 mol/L 磷酸二氢铵溶液（用 20% 磷酸溶液调节 pH 至 3.5）（25∶75）为流动相；检测波长为 226 nm；进样体积 20 μL。

测定法 精密量取供试品溶液与对照溶液，分别注入液相色谱仪，记录色谱图。

限度 供试品溶液色谱图中如有与苯肼峰保留时间一致的色谱峰，按外标法以峰面积计算，不得过 0.05%。

（5）干燥失重 取本品，在 60 ℃减压干燥至恒重，减失重量不得过 0.5%。

（6）炽灼残渣 取本品约 1.0 g，依法检查（通则 0841），遗留残渣不得超过 0.1%。

（7）重金属 取炽灼残渣项下遗留的残渣，依法检查（通则 0821 第二法），含重金属不得过百万分之十。

4. 含量测定

本品为 3- 甲基 -1- 苯基 -2- 吡唑啉 -5- 酮。按干燥品计算，$C_{10}H_{10}N_2O$ 含量不得少于 99.0%。

取本品约 0.32 g，精密称定，加乙醇 60 mL，微热使溶解，放冷，照电位滴定法（通则 0701），用氢氧化钠滴定液（0.1 mol/L）滴定，并将滴定的结果用空白试验校正。每 1 mL 氢氧化钠滴定液（0.1 mol/L）相当于 17.42 mg $C_{10}H_{10}N_2O$。

【思考题】

1. 在高效液相色谱法测定有关物质的实验中，对流动相的性质有哪些要求？

2. 流动相过滤时应如何选择滤膜？

三、依达拉奉注射剂的制备

【目的与意义】

1. 理解与领会无菌制剂的概念及要求。

2. 掌握注射剂产品的处方设计及其原理、制备工艺要点。

【处方】

依达拉奉	0.38 g
亚硫酸氢钠	0.62 g
L- 盐酸半胱氨酸	0.5 g
氯化钠	2.13 g
注射用水	加至 250 mL

【实验步骤】

称取处方量依达拉奉原料药，加入适量注射用水（约 50 mL）搅拌，必要时溶液加热至 85 ℃，使溶解。溶液放置室温后加入亚硫酸氢钠、L- 盐酸半胱氨酸、氯化钠搅拌溶解，调节溶液 pH 至 3.0 ～ 4.5，加注射用水至 250 mL，以 G3 垂熔玻璃漏斗过滤，测定药物的含量，计算装量，装入 5 mL 安瓿中，封口，煮沸灭菌 30 min，并用亚甲蓝溶液检漏。

另外，不加主药，其他操作同上述，制备阴性对照溶液，装入 5 mL 安瓿中，封口，煮沸灭菌 30 min，并用亚甲蓝溶液检漏。

【思考题】

1. 依达拉奉处方中各个辅料的作用是什么？

2. 亚甲蓝溶液检漏的原理是什么？是否还有其他检漏方法？

四、依达拉奉注射剂的质量研究

【目的与意义】

1. 了解注射剂的质量研究过程。

2. 掌握 HPLC 外标法定量的原理和方法。

3. 熟悉紫外 - 可见分光光度计、高效液相色谱仪的操作规程和工作站的使用方法。

【主要试剂】

依达拉奉注射液，依达拉奉对照品，甲醇为色谱纯，其他均为分析纯，水为超纯水。

【实验内容】

1. 性状

本品为无色至微黄色（或微黄绿色）的澄明液体。

2. 鉴别

① 取本品 2 mL，加溴试液 1 滴，摇匀，溴试液褪色。

② 在含量测定项下记录的色谱图中，供试品溶液主峰的保留时间应与对照品溶液主峰的保留时间一致。

③ 取本品，用水稀释制成依达拉奉溶液（约 8 μg/mL），照紫外 - 可见分光光度法（通则 0401）测定，在 239 nm 的波长处有最大吸收。

3. 检查

（1）pH 值　应为 3.0 ～ 4.5（通则 0631）。

（2）颜色　本品应无色；如显色，与黄色或黄绿色 1 号标准比色液（通则 0901 第一法）比较，不得更深。

（3）有关物质　照高效液相色谱法（通则 0512）测定。

供试品溶液　取本品适量，用流动相稀释制成每 1 mL 中约含依达拉奉 0.5 mg 的溶液。

对照溶液　精密量取供试品溶液适量，用流动相定量稀释制成每 1 mL 中约含依达拉奉 0.5 μg 的溶液。

系统适用性溶液　取依达拉奉与杂质 I 对照品各适量，加甲醇溶解并稀释制成每 1 mL 中各约 0.5 μg 的混合溶液。

色谱条件　用十八烷基硅烷键合硅胶为填充剂；以甲醇 -0.05 mol/L 磷酸二氢铵溶液（用 20% 磷酸溶液调节 pH 至 3.5）（50 ∶ 50）为流动相；检测波长为 245 nm；进样体积为 20 μL。系统适应性要求与测定法见依达拉奉的质量研究有关物质项下。

限度　供试品溶液色谱图中如有与杂质 I 峰保留时间一致的色谱峰，其峰面积不得大于对照溶液主峰面积（0.1%），其他单个杂质峰面积不得大于对照溶液主峰面积的 6 倍（0.6%），各杂质峰面积的和不得大于对照溶液主峰面积的 12 倍（1.2%）。

细菌内毒素　取本品，依法检查（通则 1143），每 1 mg 依达拉奉中含内毒素的量应小于 2.0 EU。

无菌　取本品，经薄膜过滤法处理，用 pH 7.0 无菌氯化钠 - 蛋白胨缓冲液分次冲洗（每膜不少于 200 mL），以金黄色葡萄球菌为阳性对照菌，依法检查（通则 1101），应符合规定。

其他　应符合注射剂项下有关的各项规定（通则 0102）。

4. 含量测定

照高效液相色谱法（通则 0512）测定。

供试品溶液　精密量取本品适量，用流动相定量稀释制成每 1 mL 中约含依达拉奉 50 μg 的溶液。

对照品溶液　取依达拉奉对照品适量，精密称定，加流动相溶解并定量稀释制成每 1 mL 中约含 50 μg 的溶液。

系统适用性溶液、色谱条件与系统适用性要求见依达拉奉的质量研究有关物质项下。

测定法　精密量取供试品溶液与对照品溶液，分别注入液相色谱仪，记录色谱图。按外标法以峰面积计算。

本品为依达拉奉的灭菌水溶液。依达拉奉（$C_{10}H_{10}N_2O$）含量应为标示量的 90.0% ~ 110.0%。

【思考题】

采用高效液相色谱法进行含量测定时，外标法与内标法的区别是什么？

案例二　甲磺酸伊马替尼片的研发

【项目概述】

甲磺酸伊马替尼，化学名为 4-［（4- 甲基 -1- 哌嗪）甲基]-N-[4- 甲基 -3-［[4-(3- 吡啶)-2- 嘧啶］氨基］苯基] 苯甲酰胺甲磺酸盐，是第一个酪氨酸激酶抑制剂，属于小分子抗肿瘤药物，由瑞士诺华公司研制，商品名为格列卫，临床用于治疗慢性粒细胞白血病（CML）加速期、CML 急变期、干扰素治疗失败后的 CML 慢性期患者，以及不能手术切除或发生转移的恶性胃肠道间质肿瘤患者。2001 年，该药获得美国 FDA 的批准上市，2002 年 4 月进入中国。甲磺酸伊马替尼入市后起步快，目前成为治疗慢性粒细胞白血病的首选药之一。

2018 年，电影《我不是药神》让格列宁这一治疗慢性粒细胞白血病的药物被大家熟知。格列卫，即甲磺酸伊马替尼，一种肿瘤分子靶向治疗药物。格列卫的研发可追溯至 20 世纪 50 年代，慢性粒细胞白血病在当时是一个罕见且致命的疾病。格列卫的问世，开启了肿瘤分子靶向治疗的新时代。

一、甲磺酸伊马替尼的合成

【目的与意义】

1. 掌握还原反应原理、常用试剂和处理方法。
2. 掌握重结晶提纯原理和方法。

【反应式】

【主要试剂】

4-[（4- 甲基哌嗪 -1- 基）甲基］苯甲酸二盐酸盐、氯化亚砜、吡啶、2-[N-（2- 甲基 -5- 硝基苯基）氨基]-4-（3- 吡啶基）- 嘧啶、氯化锡、四氢呋喃、10% 氢氧化钠溶液、甲磺酸、乙醇、广泛 pH 试纸、双圈定性滤纸等。

【实验步骤】

1. 4-[(4- 甲基哌嗪 -1- 基）甲基］苯甲酰氯（**2**）的制备

5.0 g（0.0163 mol）4-[（4- 甲基哌嗪 -1- 基）甲基］苯甲酸二盐酸盐（**1**）溶于 25 mL 吡啶中，在 2 min 内滴加 1.6 mL 氯化亚砜，然后加热至 45 ℃反应 1 h，冷却至 0 ℃备用，即得 4-[（4- 甲基哌嗪 -1- 基）甲基］苯甲酰氯。

2. 2-[N-（2- 甲基 -5- 氨基苯基）氨基]-4-（3- 吡啶基）- 嘧啶（**4**）的制备

30.0 g（0.098 mol）2-[N-（2- 甲基 -5- 硝基苯基）氨基]-4-（3- 吡啶基）- 嘧啶（**3**）溶于 1 L 四氢呋喃，加入氯化锡 15 g，搅拌 12 h，过滤，减压浓缩，乙

醇重结晶得到黄色结晶（**4**）。

3. 甲磺酸伊马替尼（**6**）的合成

在 0 ℃下，将 **2**（3.47 g，0.125 mol）缓慢加入 **4** 中，升温至 30 ℃搅拌反应 3 h，加入 15 mL 水，加入 10% 氢氧化钠溶液，调节 pH 至 10～11。然后加入 150 mL 水，室温析晶，过滤收集固体，干燥得到类白色粉末固体伊马替尼（**5**）。

伊马替尼（1.20 g，2.43 mmol）溶于 25 mL 热乙醇，滴加甲磺酸（0.24 g，2.50 mmol）乙醇溶液，回流 20 min，减压浓缩至原体积的一半，冷却析晶，过滤，乙醇重结晶，得浅黄色晶体，即甲磺酸伊马替尼（**6**）。

4. 甲磺酸伊马替尼氢谱特征

取适量精制后的甲磺酸伊马替尼粉末，装入核磁管中，加入氘代溶剂（DMSO-d_6），配制浓度为 5～20 mg/mL 的溶液。盖好核磁管后，测定其核磁共振氢谱，结果见图 6-2。

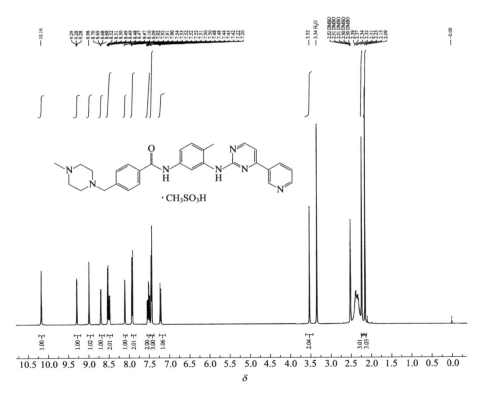

图 6-2 甲磺酸伊马替尼核磁共振氢谱

【注意事项】

氯化亚砜遇水易分解，对呼吸道有刺激作用，建议在通风橱内取用，所用仪器需保持干燥。

【思考题】

1. 成盐过程为什么选用无水乙醇，有何依据？
2. 在 N- 酰化反应中，除了酰氯，还有哪些试剂可以选择？

二、甲磺酸伊马替尼的质量研究

【目的与意义】

1. 熟悉甲磺酸伊马替尼原料药的鉴别方法。
2. 掌握 HPLC 法测定甲磺酸伊马替尼含量的原理和方法。

【主要试剂】

甲醇、10% 磷酸溶液（均为色谱纯）；辛烷磺酸钠、乙醇、乙酸乙酯、丙酮等（均为分析纯）。

【实验内容】

1. 性状

本品为白色至淡黄色结晶性粉末；无臭；无或几乎无引湿性；在水中易溶，在甲醇和乙醇中略溶，在乙酸乙酯和丙酮中几乎不溶。

2. 鉴别

（1）熔点　本品的熔点为 218 ～ 222 ℃。

（2）甲磺酸盐的鉴别反应　取供试品，约 40 mg，精密称定，加氢氧化钠 0.2 g，加水数滴，溶解后置酒精灯上小火蒸干至炭化，加水数滴，加 3 ～ 4 mL 2 mol/L 盐酸溶液，缓缓加热，即产生二氧化硫气体，可以使湿润的碘酸钾淀粉试纸（取滤纸条浸入含有 5% 碘酸钾溶液与淀粉指示液的等体积混合液中湿透后，取出干燥，即得）显蓝色。

（3）红外分光光度法　取本品及对照品适量，分别以干燥的溴化钾细粉压片，扣除空白溴化钾片的背景，依法测定。

（4）高效液相色谱法 照含量测定项下试验方法检测，供试品与甲磺酸伊马替尼对照品保留时间一致。

3. 检查

（1）酸度 取本品约 0.5 g，至小烧杯中，加水 50 mL 使溶解，依法测定 pH。10 mg/mL 供试品水溶液 pH 应为 5.0 ～ 6.0。

（2）有关物质 照高效液相色谱法测定。临用新制。

供试品溶液 取本品约 30 mg，精密称定，置 25 mL 量瓶中，加含量测定项下流动相 A 溶解并稀释至刻度，作为供试品溶液。

对照品溶液① 取含量测定项下的对照品溶液，精密量取 1 mL，置 100 mL 量瓶中，用含量测定项下流动相 A 稀释至刻度，摇匀（1.0%）。

对照品溶液② 精密量取对照品溶液① 5 mL，置 100 mL 量瓶中，用含量测定项下流动相 A 稀释至刻度，摇匀（0.05%）。

系统适用性溶液 取中间体 T5、杂质Ⅰ、杂质Ⅱ、杂质Ⅲ、杂质Ⅳ与杂质 Ⅴ（结构及来源见表 6-1）各 1 mg，置 100 mL 量瓶中，加含量测定项下流动相 A 溶解并稀释至刻度，摇匀，作为杂质贮备液；另取甲磺酸伊马替尼约 12 mg，置 10 mL 量瓶中，加入杂质贮备液 5 mL，加含量测定项下流动相 A 溶解并稀释至刻度，摇匀，作为系统适用性溶液。

系统适用性试验 精密量取系统适用性溶液和对照品溶液②各 10 μL，注入液相色谱仪，记录色谱图。系统适用性溶液色谱图中的出峰顺序为：中间体 T5，杂质Ⅴ，杂质Ⅳ，甲磺酸伊马替尼，杂质Ⅲ，杂质Ⅰ，杂质Ⅱ。甲磺酸伊马替尼与杂质Ⅰ的分离度不得小于 7.0；对照品溶液②色谱图中，主成分峰的信噪比不得小于 10。

测定法 精密量取供试品溶液与对照品溶液① 10 μL，分别注入液相色谱仪，记录色谱图至主成分峰保留时间的 2 倍。

限度 供试品溶液色谱图中如有与杂质峰保留时间一致的色谱峰，杂质Ⅰ不得过 0.3%；杂质Ⅱ不得过 0.2%；杂质Ⅲ、杂质Ⅳ与杂质Ⅴ均不得过 0.15%；其他单个最大杂质不得过 0.10%；总杂质不得过 0.8%。

表 6-1 甲磺酸伊马替尼中间体及杂质结构与来源

名称	来源	结构式
T5	中间体	
杂质 I	反应试剂中杂质反应副产物	
杂质 II	反应副产物	
杂质 III	氧化产物、降解产物	
杂质 IV	氧化产物、降解产物	
杂质 V	氧化产物、降解产物	

（3）干燥失重　取本品，在 60 ℃减压干燥至恒重，减失重量不得过 0.5%。

（4）炽灼残渣　取本品 1.0 g，在 500～600 ℃炽灼，遗留残渣不得过 0.1%。

（5）重金属　取炽灼残渣项下残留的残渣依法测定，重金属含量不得过百万分之十。

4. 含量测定

照高效液相色谱法测定。临用新制。

色谱条件　C_{18}柱（型号：长 150 mm，内径 3.9 mm，填料粒径 5 μm）；UV 检测器（检测波长 267 nm）；柱温 40 ℃。

流动相　以辛烷磺酸钠溶液（取辛烷磺酸钠 7.5 g，加水 800 mL 使溶解，用 10% 磷酸溶液调节 pH 至 2.5，加水稀释至 1000 mL）- 甲醇（44 ：56）为流动相 A，辛烷磺酸钠溶液 - 甲醇（4 ：96）为流动相 B，以 1.0 mL/min 的流速按表 6-2 进行梯度洗脱。

表 6-2　洗脱梯度条件

时间 /min	流动相 A/%	流动相 B/%
0	100	0
15	100	0
25	30	70
25.1	100	0
30	100	0

系统适用性溶液见有关物质项下。

供试品溶液　取供试品约 30 mg，精密称定，置 25 mL 量瓶中，加流动相溶解并稀释至刻度，摇匀，即得。

对照品溶液　取对照品约 30 mg，精密称定，置 25 mL 量瓶中，加流动相溶解并稀释至刻度，摇匀，即得。

按外标法以峰面积计算，本品含量限度规定为 98.0% ～ 102.0%。

三、甲磺酸伊马替尼片的制备

【目的与意义】

1. 理解与领会片剂的概念及要求。

2. 掌握片剂产品的处方设计及其原理、制备工艺要点。

【处方】

甲磺酸伊马替尼　　　　　　　　　　　　　10 g

微晶纤维素	9 g
淀粉	6 g
5% 淀粉浆	适量
交联羧甲基纤维素钠	3 g
硬脂酸镁	0.2 g
欧巴代 85G62653	适量

【实验步骤】

甲磺酸伊马替尼片的制备

采用湿法制粒进行制片。按处方量称取主药和辅料（微晶纤维素、淀粉），在高速混合制粒机中混合均匀，加入 5% 淀粉浆适量，制粒，然后将湿颗粒在 60 ℃通风干燥，过 20 目筛整粒，加入交联羧甲基纤维素钠、硬脂酸镁混匀，用 5.5 mm×11 mm 异形冲压片，每片含甲磺酸伊马替尼 100 mg。配制 8% 欧巴代 85G62653 包衣水溶液，包衣增重约 2%。

【注意事项】

1. 淀粉浆加入的过程需要缓慢进行。

2. 湿颗粒一定要充分干燥，防止黏冲。

3. 使用欧巴代进行包衣时，要时刻观察包衣增重程度，防止增重过量。

【思考题】

甲磺酸伊马替尼片中各辅料的作用是什么？

四、甲磺酸伊马替尼片的质量研究

【目的与意义】

1. 了解片剂的质量研究过程。

2. 掌握 HPLC 法在有关物质检查和外标法定量分析中的原理和方法，熟悉药物质量分析方法学验证过程。

3. 熟悉高效液相色谱仪的操作规程和工作站的使用方法。

【主要试剂】

甲磺酸伊马替尼片；甲磺酸伊马替尼对照品；甲醇、辛烷磺酸钠均为色谱纯；其他均为分析纯；水为超纯水。

【实验内容】

1. 性状

取本品置自然光下检视，应为深黄色至棕黄色双凸的薄膜衣片，除去包衣后应显白色至淡黄色。

2. 鉴别

（1）甲磺酸盐鉴别　同甲磺酸伊马替尼的质量研究项下的鉴别方法。

（2）高效液相色谱法　含量测定项下记录的色谱图，供试品溶液主峰保留时间应与对照品溶液主峰保留时间一致。

3. 溶出度

取本品，按溶出度与释放度测定法，以 1000 mL 0.1 mol/L 盐酸溶液为溶出介质，转速为 50 r/min，依法操作，15 min 后，取溶出液适量，滤过，精密量取续滤液 5 mL，置 50 mL 量瓶中，用溶出介质稀释至刻度，摇匀，按紫外 - 可见分光光度法，在 268 nm 的波长处测定吸光度；另精密称取甲磺酸伊马替尼对照品适量，加水溶解并稀释制成每 1 mL 中约含 0.5 mg 伊马替尼的溶液，精密量取 2 mL，置 100 mL 量瓶中，用溶出介质稀释至刻度，摇匀，同法测定，计算每片的溶出量。限度为标示量的 80%，应符合规定。

4. 含量测定

色谱条件：同甲磺酸伊马替尼的质量研究项下的含量测定方法。

取供试品 20 片，精密称定，研细，精密称取适量，约相当于伊马替尼 25 mg，置 25 mL 量瓶中，加溶剂溶解并稀释至刻度，摇匀，滤过，精密量取续滤液 10 μL，注入高效液相色谱仪，记录色谱图。另取甲磺酸伊马替尼对照品适量，精密称定，加溶剂溶解并稀释制成每 1 mL 中约含 1 mg 伊马替尼的溶液，同法测定。按外标法以峰面积计算伊马替尼含量。含量应为标示量的 95.0% ～ 105.0%。

【思考题】

查阅最新文献，寻找其他检测甲磺酸伊马替尼制剂的方法。

案例三　来那度胺胶囊的研发

【项目概述】

来那度胺（Lenalidomide），化学名称为 3-（7- 氨基 -3- 氧代 -1*H*- 异吲哚 -2-基）哌啶 -2,6- 二酮，分子式为 $C_{13}H_{13}N_3O_3$，是一种免疫调节剂，属于小分子抗肿瘤药物，由美国 Celgene 生物制药公司开发，以商品名瑞复美上市。来那度胺主要用于治疗多发性骨髓瘤（MM）、骨髓增生异常综合征（MDS）和某些类型的淋巴瘤。2005 年获得美国 FDA 批准，2006 年进入中国市场，为血液肿瘤患者提供了新的治疗选择。

一、来那度胺的合成

【目的与意义】

1. 掌握卤代反应条件和常用试剂。

2. 了解工业化生产纯化常用方法。

【反应式】

【主要试剂】

2- 甲基 -3- 硝基苯甲酸甲酯、NBS 试剂、偶氮二异丁腈（AIBN）、四氯化碳、乙醚、石油醚、四氢呋喃、碳酸钾、3-氨基哌啶-2,6-二酮盐酸盐、乙酸铵、丙酮、铁粉、双圈定性滤纸等。

【实验步骤】

1. 2-溴甲基-3-硝基苯甲酸甲酯（**2**）的制备

将2-甲基-3-硝基苯甲酸甲酯（**1**）（50 g，0.255 mol）、NBS试剂（45.5g，0.255 mol）、AIBN（4.2g，0.025mol）及四氯化碳（150 mL）混合于250 mL三颈瓶中，搅拌加热至回流，紫外灯（254 nm）照射5 min，引发反应。关闭紫外灯，继续搅拌回流48 h，冷却至室温。抽滤，滤液浓缩，剩余物用适量乙醚-石油醚（5∶1）进行重结晶，得到淡黄色晶体（**2**）。

2. 3-（7-硝基-3-氧代-1*H*-异吲哚-2-基）哌啶-2,6-二酮（**3**）的制备

将四氢呋喃加入三颈瓶中，依次加入3-氨基哌啶-2,6-二酮盐酸盐、2-溴甲基-3-硝基苯甲酸甲酯、碳酸钾，搅拌加热至回流，反应完全后，冷却至室温，加入适量水，搅拌静置析晶，收集固体。滤饼依次用四氢呋喃、二氯甲烷、水打浆纯化，固体60～70℃干燥7～8 h，得到3-(7-硝基-3-氧代-1*H*-异吲哚-2-基）哌啶-2,6-二酮（**3**）。

3. 3-（7-氨基-3-氧代-1*H*-异吲哚-2-基）哌啶-2,6-二酮（**4**）的制备

将丙酮加入三颈瓶中，搅拌条件下加入3-(7-硝基-3-氧代-1*H*-异吲哚-2-基）哌啶-2,6-二酮（**3**）、乙酸铵、铁粉，升温反应，TLC检测反应完全后，过滤，滤液浓缩，得3-（7-氨基-3-氧代-1*H*-异吲哚-2-基）哌啶-2,6-二酮（**4**），用适量乙酸乙酯溶解，搅拌下滴加水，过滤收集滤饼，固体65～75℃干燥5～6 h，得粗品，再经溶解、重结晶、洗涤、干燥得到来那度胺精品。

4. 来那度胺核磁共振氢谱特征

取适量精制后的来那度胺粉末，装入核磁管中，加入氘代溶剂（DMSO-d$_6$），配制浓度为5～20 mg/mL的溶液。盖好核磁管后，测定其核磁共振氢谱，结果见图6-3。

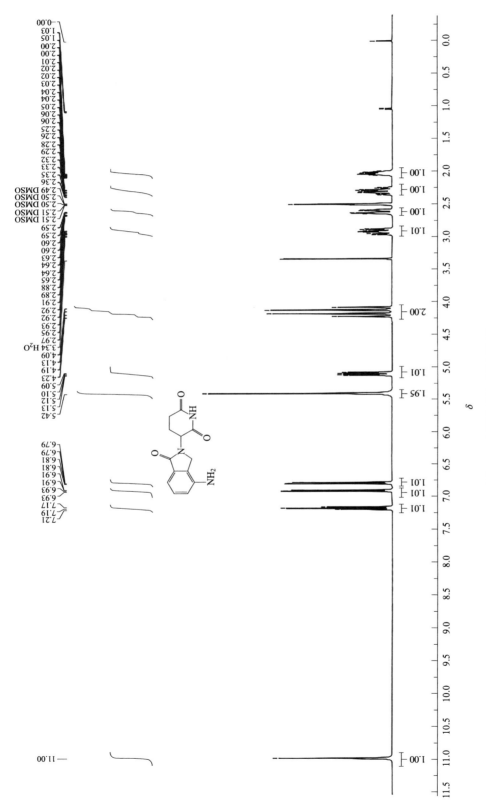

图 6-3　来那度胺核磁共振氢谱

二、来那度胺的质量研究

【目的与意义】

1. 了解原料药质量研究的一般过程。

2. 掌握 HPLC 法测定来那度胺有关物质的原理和方法，熟悉方法学验证过程。

【主要试剂】

来那度胺对照品，杂质对照品，乙腈、磷酸二氢钾、磷酸（色谱纯），乙醇等（分析纯），水为超纯水。

【实验内容】

1. 性状

本品为类白色至淡黄色固体粉末，无臭；在甲醇中略溶，乙醇中微溶，在水中几乎不溶。

2. 鉴别

① 熔点。本品的熔点为 269 ~ 271 ℃。

② 取本品，加乙醇溶解并稀释制成每 1 mL 中约含 0.5 mg 的溶液，照紫外 - 可见分光光度法测定，在 210 nm 的波长处有最大吸收。

③ 本品的红外吸收图谱应与来那度胺对照品的图谱一致。

3. 检查

有关物质　照高效液相色谱法测定。40% 乙腈水溶液为稀释液。

供试品溶液　取本品适量，加稀释液溶解并稀释制成每 1 mL 中约含 0.5 mg 的溶液。

对照溶液　取来那度胺对照品适量，加稀释液溶解并稀释制成每 1 mL 中约含 0.5 mg 的溶液。

系统适用性溶液　取来那度胺对照品适量，按限度浓度加入已知杂质对照品，加稀释剂溶解并稀释制成每 1 mL 中约含 0.5 mg 的溶液。

色谱条件　用十八烷基硅烷键合硅胶为填充剂；以缓冲液（10 mmol/L 磷酸

二氢钾，磷酸调节 pH 至 2.5）- 乙腈（60 ∶ 40）为流动相，等度洗脱；检测波长为 210 nm；流速为 1.0 mL/min；柱温为 35 ℃；进样量 10 μL。

系统适用性要求　系统适用性溶液色谱图中，来那度胺与其各杂质之间均能达到基线分离，分离度均大于 1.5。

测定法　精密量取供试品溶液与对照溶液，分别注入液相色谱仪，记录色谱图至主成分峰保留时间的 7 倍。

限度　供试品溶液色谱图中如有与杂质峰保留时间一致的色谱峰，其峰面积不得大于对照溶液主峰面积（0.1%），其他单个杂质峰面积不得大于对照溶液主峰面积（0.1%），各杂质峰面积的和不得大于对照溶液主峰面积的 3 倍（0.3%）。

4. 含量测定

取供试品，照有关物质中高效液相色谱法测定，按外标法以峰面积计算。按干燥品计算，含 $C_{13}H_{13}N_3O_3$ 不得少于 99.0%。

【思考题】

方法学验证中哪些项目必做？哪些项目可以选做？

三、来那度胺胶囊的制备

【目的与意义】

1. 理解与领会胶囊剂概念及要求。
2. 掌握胶囊产品的处方设计及其原理、制备工艺要点。

【处方】

来那度胺原料药（粒径为 112 μm）	25 mg
乳糖（Flowlac 100）	200 mg
微晶纤维素（PH102）	161 mg
交联羧甲基纤维素钠	12 mg
硬脂酸镁	2 mg

【实验步骤】

来那度胺胶囊的制备：称取处方量的来那度胺和流动性较好的喷雾干燥乳

糖（Flowlac 100），以及直接压片用微晶纤维素（PH102）和交联羧甲基纤维素钠，混合均匀，最后加入处方量硬脂酸镁混合均匀，取 0 号明胶空心胶囊进行充填，即得成品。

【注意事项】

1. 原料药加入前需要充分研磨。

2. 原研药物为抗肿瘤药物，注意安全防护。

【思考题】

1. 来那度胺胶囊中各辅料的作用是什么？

2. 溶出度检查除了篮法外还有什么其他方法？怎么进行选择？

四、来那度胺胶囊的质量研究

【目的与意义】

1. 了解胶囊的质量研究过程。

2. 掌握 HPLC 法在有关物质检查和外标法定量分析中的原理和方法，熟悉药物质量分析方法学验证过程。

3. 熟悉紫外 - 可见分光光度计、高效液相色谱仪的操作规程和工作站的使用方法。

【主要试剂】

来那度胺胶囊（规格：25 mg）；来那度胺标准品（中国食品药品检定研究院）；甲醇、辛烷磺酸钠、磷酸均为色谱纯；乙醇、甲醇、盐酸等均为分析纯；水为超纯水。

【实验内容】

1. 性状

本品为硬胶囊剂，内容物为类白色粉末，参照 FDA 说明书，辅料为乳糖、微晶纤维素、交联羧甲基纤维素钠和硬脂酸镁。

2. 鉴别

① 取本品，加乙醇溶解并稀释制成每 1 mL 中约含 0.5 mg 来那度胺的溶液，

按紫外 - 可见分光光度法测定，在 210 nm 的波长处有最大吸收。取本品 2 mL，加溴试液 1 滴，摇匀，溴试液褪色。

② 取本品内容物适量（约相当于来那度胺 5 mg）置 100 mL 量瓶中，加甲醇约 75 mL，超声 30 min 并每隔数分钟振摇一次，使来那度胺溶解，放冷，用甲醇稀释至刻度，摇匀，滤过，精密量取续滤液适量，用甲醇稀释制成每 1 mL 中约含 25 μg 来那度胺的溶液，作为供试品溶液；另取来那度胺对照品适量，加甲醇溶解并稀释制成每 1 mL 中约含 25 μg 来那度胺的溶液，作为对照品溶液。分别取上述两种溶液，照紫外 - 可见分光光度法，在 200 ～ 400 nm 波长范围内扫描，供试品溶液的紫外光吸收图谱应与对照品溶液的紫外光吸收图谱一致。

③ 本品的红外吸收图谱应与对照品的图谱一致。

④ 在含量测定项下记录的色谱图中，供试品溶液主峰的保留时间应与对照品溶液主峰的保留时间一致。

3. 检查

有关物质　照高效液相色谱法（通则 0512）测定。

色谱条件与系统适用性试验　用十八烷基硅烷键合硅胶为填充剂，以缓冲液（取辛烷磺酸钠 4.33 g，加水 1000 mL 使溶解，加磷酸 1 mL，混匀）- 甲醇（75 ∶ 25）为流动相；检测波长 210 nm。理论板数按来那度胺峰计算不低于3000。

供试品溶液　取装量差异项下的内容物适量，精密称定，加稀释液溶解并定量稀释制成每 1 mL 中约含 0.5 mg 来那度胺的溶液，滤过，取续滤液。

对照溶液　精密量取供试品溶液 1 mL，置 100 mL 量瓶中，用稀释液稀释至刻度，摇匀。

杂质成分　内转化物（RRT=0.54）、降解产物 4（RRT=0.75）、CC-15192（RRT=0.68）、CC-15193（RRT=0.81）、CC-9004（RRT=0.94）、RC4（RRT=1.52）、降解产物 5（RRT=1.56）、未知杂质（RRT=0.46）。

限度　供试品溶液记录的色谱图中，如显示与杂质 RC4、CC-15192 和 CC-15193 相同保留时间的杂质峰，其峰面积除以各自相应的响应因子，均不得大于对照溶液主峰面积的 2.5 倍（0.5%）；如显示内转化物、降解产物 4、CC-9004、降解产物 5 及未知杂质峰，其峰面积均不得大于对照溶液主峰面积（0.2%）。杂质总量（内转化物除外）不得超过 1.0%。

4. 溶出度

取本品，按溶出度与释放度测定法，以 0.01 mol/L 盐酸溶液 900 mL 为溶出介质，转速为 50 r/min，依法操作，30 min 后，取溶液 10 mL，用 0.45 μm 的滤膜滤过，取续滤液作为供试品溶液。另精密称取来那度胺对照品适量，用 0.1 mol/L 盐酸溶液溶解并稀释制成每 1 mL 中约含 0.5 mg 来那度胺的溶液，作为对照品储备溶液；精密量取对照品储备溶液适量，用 0.01 mol/L 盐酸溶液稀释制成每 1 mL 中约含 5 μg（5 mg 规格）或 10 μg（10 mg 规格）或 15 μg（15 mg 规格）或 25 μg（25 mg 规格）来那度胺的溶液作为对照品溶液。照有关物质项下的色谱条件，精密量取上述两种溶液各 15 μL，分别注入液相色谱仪，记录色谱图，按外标法以峰面积计算每粒的溶出量。限度为标示量的 80%，应符合规定。

5. 含量测定

照高效液相色谱法（通则 0512）测定。

测定法 取本品 10 粒，内容物置 500 mL 量瓶中，胶囊壳内壁用少量 0.1 mol/L 盐酸溶液冲洗后，洗液并入量瓶中，加 0.1 mol/L 盐酸溶液约 350 mL，超声 50 min（每隔 10 min 振摇一次），放冷，用 0.1 mol/L 盐酸溶液稀释至刻度，摇匀，滤过，精密量取续滤液适量（5 mg 规格直接取续滤液进样），用 0.1 mol/L 盐酸溶液稀释制成每 1 mL 中约含 0.1 mg 来那度胺的溶液，精密量取 10 μL 注入液相色谱仪，记录色谱图；另精密称取来那度胺对照品适量，用 0.1 mol/L 盐酸溶液溶解并稀释制成每 1 mL 中约含 0.1 mg 来那度胺的溶液，同法测定。按外标法以峰面积计算，即得。本品含来那度胺应为标示量的 90.0% ～ 110.0%。

案例四 双黄连栓的研发

【项目概述】

双黄连栓疏风解表，清热解毒。用于外感风热所致的感冒，症见发热、咳嗽、咽痛；上呼吸道感染、肺炎见上述证候者。考虑到小儿等患者不能或不愿吞服药物，把该组方设计成栓剂，便于不能或不愿吞服药物的患者使用，且直肠吸收比口服吸收干扰因素少，药物不易被胃肠道 pH 或酶破坏而失去活性。

一、双黄连栓的制备

【目的与意义】

1. 掌握中药复方制剂的概念及要求。
2. 掌握中药栓剂的处方设计及其原理、制备工艺要点。

【主要试剂】

金银花饮片、黄芩饮片、连翘饮片；乙醇、盐酸、氢氧化钠、半合成脂肪酸酯、甲醇等均为分析纯；水为超纯水。

【处方】

金银花 2500 g，黄芩 2500 g，连翘 5000 g，制成 1000 粒。

【实验步骤】

1. 黄芩提取物水溶液的制备

称取黄芩 2500 g，加水煎煮三次，第一次 2 h，第二、三次各 1 h，合并煎液，滤过，滤液浓缩至相对密度为 1.03 ～ 1.08（80 ℃），在 80 ℃时加 2 mol/L 盐酸溶液，调节 pH 至 1.0 ～ 2.0，保温 1 h，静置 24 h，滤过，沉淀物加 6 ～ 8 倍量水，用 40% 氢氧化钠溶液调节 pH 至 7.0 ～ 7.5，加等量乙醇，搅拌使溶解，滤过。滤液用 2 mol/L 盐酸溶液调节 pH 至 2.0，60 ℃保温 30 min，静置 12 h，滤过，沉淀用水洗至 pH 至 5.0，继用 70% 乙醇洗至 pH 7.0。沉淀物加水适量，用 40% 氢氧化钠溶液调节 pH 至 7.0 ～ 7.5，搅拌使溶解，备用。

2. 金银花、连翘提取物水溶液的制备

称取金银花、连翘加水煎煮两次，每次 1.5 h，合并煎液，滤过，滤液浓缩至相对密度为 1.20 ～ 1.25（70 ～ 80 ℃）的清膏，冷至 40 ℃时搅拌下缓慢加入乙醇，使含醇量达 75%，静置 12 h，滤取上清液，回收乙醇，浓缩液再加乙醇使含醇量达 85%，充分搅拌，静置 12 h，滤取上清液，回收乙醇至无醇味。

3.双黄连栓剂的制备

取上述黄芩提取物水溶液及金银花、连翘提取物水溶液，搅匀，并调节 pH 至 7.0 ～ 7.5，减压浓缩成稠膏，低温干燥，粉碎；另取半合成脂肪酸酯 780 g，加热熔化，温度保持在 40 ℃ ±2 ℃，加入上述干膏粉，混匀，浇模，制成 1000 粒，即得。

双黄连栓制备工艺流程见图 6-4。

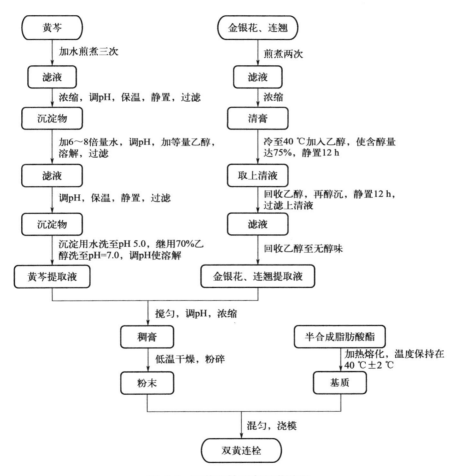

图 6-4　双黄连栓制备工艺流程

二、双黄连栓的质量研究

【目的与意义】

1.掌握中药制剂质量研究流程。

2. 掌握中药栓剂的质量评价标准。

【主要试剂】

双黄连栓（规格：每粒重 1.5 g）；黄芩苷标准品、绿原酸对照品（中国食品药品检定研究院）；甲醇、冰醋酸、乙腈均为色谱纯；其他均为分析纯；水为超纯水。

【实验内容】

1. 鉴别

① 取本品 1 粒，加水 20 mL，置温水浴中，用 10% 氢氧化钠溶液调节 pH 至 7.0 ~ 7.5，使溶化，置冷处使基质凝固，滤过，取滤液 1 mL，加无水乙醇 4 mL，置水浴中振摇数分钟，放置，取上清液作为供试品溶液。

另取黄芩苷对照品、绿原酸对照品分别用乙醇制成每 1 mL 各含 0.4 mg 的溶液，作为对照品溶液。

照薄层色谱法（通则 0502）试验，吸取上述三种溶液各 3 ~ 5 μL，分别点于同一硅胶 G 薄层板上，以乙酸丁酯 - 甲酸 - 水（7∶4∶3）的上层溶液为展开剂，置展开缸中预饱和 30 min，展开，取出，晾干，置紫外光灯（365 nm）下检视。供试品色谱中，在与黄芩苷对照品色谱相应的位置上，显相同颜色的斑点；在与绿原酸对照品色谱相应的位置上，显相同颜色的荧光斑点。

② 取本品 1 粒，加水 20 mL，置热水浴中加热使溶，取出，置冷处使基质凝固，滤过，取滤液 10 mL，蒸干，残渣加甲醇 5 mL 超声处理使溶解，取上清液作为供试品溶液。

另取连翘对照药材 0.5 g，加甲醇 10 mL，加热回流 20 min，滤过，滤液作为对照药材溶液。

照薄层色谱法（通则 0502）试验，吸取上述两种溶液各 10 μL，分别点于同一硅胶 G 薄层板上，以三氯甲烷 - 甲醇（5∶1）为展开剂，展开，取出，晾干，喷以 10% 硫酸乙醇溶液，在 105 ℃加热至斑点显色清晰。供试品色谱中，在与对照药材色谱相应的位置上，显相同颜色的斑点。

2. 检查

应符合栓剂项下有关的各项规定（通则 0107）。

3. 含量测定

（1）黄芩　照高效液相色谱法（通则 0512）测定。

① 色谱条件与系统适用性试验。以十八烷基硅烷键合硅胶为填充剂；以甲醇 - 水 - 冰醋酸（40 ： 60 ： 1）为流动相；检测波长为 276 nm。理论板数按黄芩苷峰计算应不低于 1500。

② 对照品溶液的制备。取黄芩苷对照品适量，精密称定，加 50% 甲醇制成每 1 mL 含 0.1 mg 黄芩苷的溶液，即得。

③ 供试品溶液的制备。取本品 10 粒，精密称定，研碎，取约 0.3 g，精密称定，置烧杯中，加水 40 mL，置温水浴中使溶解，用 10% 氢氧化钠溶液调节 pH 至 7.0 ～ 7.5，移至 50 mL 量瓶中，放冷，加水至刻度，摇匀，滤过，精密量取续滤液 2 mL，置 10 mL 量瓶中，加水至刻度，摇匀，即得。

④ 测定法。分别精密吸取对照品溶液与供试品溶液各 20 μL，注入液相色谱仪，测定，即得。

本品每粒含黄芩以黄芩苷（$C_{21}H_{18}O_{11}$）计，应不少于 65 mg。

（2）连翘　照高效液相色谱法（通则 0512）测定。

① 色谱条件与系统适用性试验。以十八烷基硅烷键合硅胶为填充剂；以乙腈 - 水（21 ： 79）为流动相；检测波长为 278 nm。理论板数按连翘苷峰计算应不低于 6000。

② 对照品溶液的制备。取连翘苷对照品适量，精密称定，加甲醇制成每 1 mL 含 0.1 mg 连翘苷的溶液，即得。

③ 供试品溶液的制备。取本品 10 粒，精密称定，研碎，取约 1.5g，精密称定，置具塞锥形瓶中，精密加水 50 mL，密塞，置水浴中加热 80 min 使溶散，摇匀，取出，迅速冷冻（-4 ～ -3 ℃）80 min（以不结冰为准），滤过，精密量取续滤液 10 mL，蒸干，残渣加水 1 mL 使溶解，置中性氧化铝柱（100 ～ 200 目，6 g，内径为 1 cm）上，用 70% 乙醇 60 mL 洗脱，收集洗脱液，浓缩至干，残渣加 50% 甲醇适量，温热使溶解，移至 5 mL 量瓶中，并加 50% 甲醇至刻度，摇匀，即得。

④ 测定法。分别精密吸取对照品溶液与供试品溶液各 10 μL，注入液相色谱仪，测定，即得。

本品每粒含连翘以连翘苷（$C_{27}H_{34}O_{11}$）计，不得少于 2.0 mg。

【注意事项】

1. 注模前应将栓模预热，使冷却缓慢进行。

2. 注模时如混合物温度太高会使稠度变小，所制栓剂易发生顶端凹陷现象，故应在适当的温度下于混合物稠度较大时注模，并注至模口稍有溢出为度，且一次注完。

【思考题】

1. 在中药质量标准研究中，测定指标的选择原则是什么？

2. 热熔法制备栓剂应注意什么问题？基质中加入药物的方法有哪些？

3. 如何评价栓剂的质量？

附录1

CTD 格式申报资料撰写要求
（原料药部分）

■　■　■　■　■

一、目录

3.2.S.4.2　分析方法

3.2.S.4.3　分析方法的验证

3.2.S.4.4　批检验报告

3.2.S.4.5　质量标准制定依据

3.2.S.5　对照品

3.2.S.6　包装材料和容器

3.2.S.7　稳定性

3.2.S.7.1　稳定性总结

3.2.S.7.2　上市后稳定性承诺和稳定性方案

3.2.S.7.3　稳定性数据汇总

二、申报资料正文及撰写要求

3.2.S　原料药

3.2.S.1　基本信息

3.2.S.1.1　药品名称

提供原料药的中英文通用名、化学名，化学文摘（CAS）号以及其他名称（包括国外药典收载的名称）。

3.2.S.1.2　结构

提供原料药的结构式、分子式、分子量，如有立体结构和多晶型现象应特别说明。

3.2.S.1.3　理化性质

提供原料药的物理和化学性质（一般来源于药典和默克索引等），具体包括如下信息：性状（如外观，颜色，物理状态）；熔点或沸点；比旋光度，溶解性，溶液 pH，分配系数，解离常数，将用于制剂生产的物理形态（如多晶型、溶剂化物或水合物），粒度等。

3.2.S.2　生产信息

3.2.S.2.1　生产商

生产商的名称（一定要写全称）、地址、电话、传真以及生产场所的地址、电话、传真等。

3.2.S.2.2　生产工艺和过程控制

① 工艺流程图。按合成步骤提供工艺流程图，标明工艺参数和所用溶剂。

如为化学合成的原料药，还应提供其化学反应式，其中应包括起始原料、中间体、所用反应试剂的分子式、分子量、化学结构式。

② 工艺描述。按工艺流程来描述工艺操作，以注册批为代表，列明各反应物料的投料量及各步收率范围，明确关键生产步骤、关键工艺参数以及中间体的质控指标。

③ 生产设备。提供主要和特殊设备的型号及技术参数。

④ 说明大生产的拟定批量范围、正常的批量范围、生产厂、用于反应的步骤等。

3.2.S.2.3　物料控制

按照工艺流程图中的工序，以表格的形式列明生产中用到的所有物料（如起始物料、反应试剂、溶剂、催化剂等），并说明所使用的步骤。示例见附表 1。

附表 1　物料控制信息

物料名称	质量标准	生产商	使用步骤

提供以上物料的质量控制信息，明确引用标准，或提供内控标准（包括项目、检测方法和限度），并提供必要的方法学验证资料。

对于关键的起始原料，尚需根据相关技术指导原则、技术要求提供其制备工艺资料。

3.2.S.2.4　关键步骤和中间体的控制

列出所有关键步骤（包括终产品的精制、纯化工艺步骤）及其工艺参数控制范围。

列出已分离的中间体的质量控制标准，包括项目、方法和限度，并提供必要的方法学验证资料。

3.2.S.2.5　工艺验证和评价

对无菌原料药应提供工艺验证资料，包括工艺验证方案和验证报告。对于其他原料药可仅提供工艺验证方案和批生产记录样稿，但应同时提交上市后对前三批商业生产批进行验证的承诺书。验证方案、验证报告、批生产记录等应有编号及版本号，且应由合适人员（例如 QA、QC、质量及生产负责人等）签署。

3.2.S.2.6 生产工艺的开发

提供工艺路线的选择依据（包括文献依据和 / 或理论依据）。

提供详细的研究资料（包括研究方法、研究结果和研究结论）以说明关键步骤确定的合理性以及工艺参数控制范围的合理性。

详细说明在工艺开发过程中生产工艺的主要变化（包括批量、设备、工艺参数以及工艺路线等的变化）及相关的支持性验证研究资料。

提供工艺研究数据汇总表，示例见附表 2。

附表 2 工艺研究数据汇总表

批号	试制日期	试制地点	试制目的 / 样品用途①	批量	收率	工艺②	样品质量		
							含量	杂质	性状等

① 说明生产该批次的目的和样品用途，例如工艺验证 / 稳定性研究；
② 说明表中所列批次的生产工艺是否与 S.2.2 项下工艺一致，如不一致，应明确不同点。

3.2.S.3 特性鉴定

3.2.S.3.1 结构和理化性质

（1）结构确证 结合合成路线以及各种结构确证手段对产品的结构进行解析，如可能含有立体结构、结晶水 / 结晶溶剂或者多晶型问题要详细说明。

提供结构确证用样品的精制方法、纯度、批号，如用到对照品，应说明对照品来源、纯度及批号；提供具体的研究数据和图谱并进行解析。具体要求参见《化学药物原料药制备和结构确证研究的技术指导原则》。

（2）理化性质 提供详细的理化性质信息，包括：性状（如外观，颜色，物理状态）；熔点或沸点；比旋光度，溶解性，吸湿性，溶液 pH，分配系数，解离常数，将用于制剂生产的物理形态（如多晶型、溶剂化物或水合物），粒度等。

3.2.S.3.2 杂质

以列表的方式列明产品中可能含有的杂质（包括有机杂质、无机杂质、残留溶剂和催化剂），分析杂质的来源（合成原料带入的，生产过程中产生的副产物或者是降解产生的），并提供控制限度。示例见附表3。

附表3 杂质情况分析

杂质名称	杂质结构	杂质来源	杂质控制限度	是否定入质量标准

对于降解产物可结合加速稳定性和强力降解试验来加以说明；对于最终质量标准中是否进行控制以及控制的限度，应提供依据。

对于已知杂质需提供制备、结构确证资料。

3.2.S.4 原料药的质量控制

3.2.S.4.1 质量标准

按附表4所示提供质量标准，如放行标准和货架期标准的方法、限度不同，应分别进行说明。

附表4 质量标准

检查项目	方法（列明方法的编号）	放行标准限度	货架期标准限度
外观			
溶液的颜色与澄清度			
溶液的 pH			
鉴别			
有关物质			
残留溶剂			
水分			
重金属			
硫酸盐			
炽灼残渣			
粒度分布			

检查项目	方法（列明方法的编号）	放行标准限度	货架期标准限度
晶型			
其他			
含量			

3.2.S.4.2　分析方法

提供质量标准中各项目的具体检测方法。

3.2.S 4.3　分析方法的验证

按照《化学药物质量控制分析方法验证技术指导原则》《化学药物质量标准建立的规范化过程技术指导原则》《化学药物杂质研究技术指导原则》《化学药物残留溶剂研究技术指导原则》等以及现行版《中华人民共和国药典》附录中有关的指导原则提供方法学验证资料，可按检查方法逐项提供，以表格形式整理验证结果，并提供相关验证数据和图谱。示例见附表5。

附表 5　含量测定方法学验证总结

项目	验证结果
专属性	
线性和范围	
定量限	
准确度	
精密度	
溶液稳定性	
耐用性	

3.2.S.4.4　批检验报告

提供不少于三批连续生产样品的检验报告。

3.2.S.4.5　质量标准制定依据

说明各项目设定的考虑，总结分析各检查方法选择以及限度确定的依据。

如和已上市产品进行了质量对比研究，提供相关研究资料及结果。

3.2.S.5　对照品

药品研制过程中如果使用了药典对照品，应说明来源并提供说明书和批号。

药品研制过程中如果使用了自制对照品，应提供详细的含量和纯度标定过程。

3.2.S.6　包装材料和容器

（1）按附表 6 所示列明包材类型、来源及相关证明文件。

附表 6　包材类型、来源及相关证明文件

项目	包装容器
包材类型①	
包材生产商	
包材注册证号	
包材注册证有效期	
包材质量标准编号	

① 关于包材类型，需写明结构材料、规格等。

3.2.S.7　稳定性

3.2.S.7.1　稳定性总结

总结所进行的稳定性研究的样品情况、考察条件、考察指标和考察结果，对变化趋势进行分析，并提出贮存条件和有效期。可以表格形式提供以上资料，具体可参见制剂项下。

3.2.S.7.2　上市后稳定性承诺和稳定性方案

应承诺对上市后生产的前三批产品进行长期留样稳定性考察，并对每年生产的至少一批产品进行长期留样稳定性考察，如有异常情况应及时通知管理当局。

提供后续的稳定性研究方案。

3.2.S.7.3　稳定性数据汇总

以表格形式提供稳定性研究的具体结果，并将稳定性研究中的相关图谱作为附件。色谱数据和图谱提交要求参见制剂项下。

　　说明：选用 CTD 格式提交申报资料的申请人，应按照本要求整理、提交药学部分的研究资料和图谱。申报资料的格式、目录及项目编号不能改变。即使对应项目无相关信息或研究资料，项目编号和名称也应保留，可在项下注明"无相关研究内容"或"不适用"。对于以附件形式提交的资料，应在相应项下注明"参见附件（注明申报资料中的页码）"。

附录2

CTD 格式申报资料撰写要求
（制剂部分）

■　■　■　■　■

一、目录

3.2.P.3.5　工艺验证和评价

3.2.P.4　原辅料的控制

3.2.P.5　制剂的质量控制

3.2.P.5.1　质量标准

3.2.P.5.2　分析方法

3.2.P.5.3　分析方法的验证

3.2.P.5.4　批检验报告

3.2.P.5.5　杂质分析

3.2.P.5.6　质量标准制定依据

3.2.P.6　对照品

3.2.P.7　稳定性

3.2.P.7.1　稳定性总结

3.2.P.7.2　上市后的稳定性承诺和稳定性方案

3.2.P.7.3　稳定性数据

二、申报资料正文及撰写要求

3.2.P.1　剂型及产品组成

① 说明具体的剂型，并以表格的方式（附表7）列出单位剂量产品的处方组成，列明各成分在处方中的作用，执行的标准。如有过量加入的情况需给予说明。对于处方中用到但最终需去除的溶剂也应列出。

附表 7　单位剂量产品的处方组成

成分	用量	过量加入	作用	执行标准
工艺中使用到并最终除去的溶剂				

② 如附带专用溶剂，参照附表7方式列出专用溶剂的处方。

③ 说明产品所使用的包装材料及容器。

3.2.P.2　产品开发

提供相关的研究资料或文献资料来论证剂型、处方组成、生产工艺、包装材料选择和确定的合理性，具体有以下内容。

3.2.P.2.1　处方组成

3.2.P.2.1.1　原料药

参照《化学药物制剂研究基本技术指导原则》，提供资料说明原料药和辅料的相容性，分析与制剂生产及制剂性能相关的原料药的关键理化特性（如晶型、溶解性、粒度分布等）。

3.2.P.2.1.2　辅料

说明辅料种类和用量选择的依据，分析辅料用量是否在常规用量范围内，是否适合所用的给药途径，并结合辅料在处方中的作用分析辅料的哪些性质会影响制剂特性。

3.2.P.2.2　制剂研究

3.2.P.2.2.1　处方开发过程

参照《化学药物制剂研究基本技术指导原则》，提供处方的研究开发过程和确定依据，包括文献信息（如对照药品的处方信息）、研究信息（包括处方设计、处方筛选和优化、处方确定等研究内容）以及与对照药品的质量特性对比研究结果（需说明对照药品的来源、批次和有效期，自研样品批次，对比项目、采用方法），并重点说明在药品开发阶段中处方组成的主要变更、原因以及支持变化的验证研究。

如生产中存在过量投料的问题，应说明并分析过量投料的必要性和合理性。

3.2.P.2.2.2　制剂相关特性

对与制剂性能相关的理化性质，如 pH、离子强度、溶出度、再分散性、复溶、粒径分布、聚合、多晶型、流变学等进行分析。提供自研产品与对照药品在处方开发过程中进行的质量特性对比研究结果，例如有关物质等。如为口服固体制剂，需提供详细的自研产品与对照药品在不同溶出条件下的溶出曲线比较研究结果，推荐采用 f_2 相似因子的比较方式。

3.2.P.2.3　生产工艺的开发

简述生产工艺的选择和优化过程，重点描述工艺研究的主要变更（包括批量、设备、工艺参数等的变化）及相关的支持性验证研究。

汇总研发过程中代表性批次（应包括但不限于临床研究批、中试放大批、生产现场检查批、工艺验证批等）的样品情况，包括：批号、生产时间及地点、批规模、用途（如用于稳定性试验，用于生物等效性试验等）、分析结果（如有关物质、溶出度以及其他主要质量指标）。示例见附表 8。

附表 8　批分析汇总

批号	生产日期	生产地点	规模	收率	样品用途	样品质量		
						含量	杂质	其他指标

3.2.P.2.4　包装材料 / 容器

① 按附表 9 所示列明包材类型、来源及相关证明文件。

附表 9　包材类型、来源及相关证明文件

项目	包装容器	配件②
包材类型①		
包材生产商		
包材注册证号		
包材注册证有效期		
包材质量标准编号		

① 关于包材类型，需写明结构材料、规格等。
② 表中的配件一栏应包括所有使用的直接接触药品的包材配件。

② 阐述包材的选择依据。

③ 描述针对所选用包材进行的支持性研究。

在常规制剂稳定性考察基础上，需考虑必要的相容性研究，特别是含有有机溶剂的液体制剂或半固体制剂。一方面可以根据迁移试验结果，考察包装材料中的成分（尤其是包材的添加剂成分）是否会渗出至药品中，引起产品质量的变化；另一方面可以根据吸附试验结果，考察是否会由于包材的吸附 / 渗出而导致药品浓度的改变、产生沉淀等，从而引起安全性担忧。

3.2.P.2.5　相容性

提供研究资料说明制剂和附带溶剂或者给药装置的相容性。

3.2.P.3　生产

3.2.P.3.1　生产商

生产商的名称（一定要写全称）、地址、电话、传真以及生产场所的地址、电话、传真等。

3.2.P.3.2　批处方

以附表 10 所示列出生产规模产品的批处方组成，列明各成分执行的标准。如有过量加入的情况需给予说明并论证合理性。处方中用到但最终需去除的溶剂也应列出。

附表 10　批处方组成

成分	用量	过量加入	执行标准
工艺中使用到并最终除去的溶剂			

3.2.P.3.3　生产工艺和工艺控制

（1）工艺流程图　以单元操作为依据，提供完整、直观、简洁的工艺流程图，其中应涵盖工艺步骤，各物料的加入顺序，指出关键步骤以及进行中间体检测的环节。

（2）工艺描述　以注册批为代表，按单元操作过程描述工艺（包括包装步骤），明确操作流程、工艺参数和范围。在描述各单元操作时，应结合不同剂型的特点关注各关键步骤与参数。如大输液品种的原辅料的预处理，直接接触药品的内包装材料等的清洗、灭菌、去热原等；原辅料的投料量（投料比），配液的方式、温度和时间，各环节溶液的 pH 值范围；活性炭的处理、用量，吸附时浓度、温度，搅拌或混合方式、速度和时间；初滤及精滤的滤材种类和孔径、过滤方式、滤液的温度与流速；中间体质控的检测项目及限度，药液允许的放置时间；灌装时药液的流速，压塞的压力；灭菌温度、灭菌时间和目标 F_0 值。

生产工艺表述的详略程度应能使本专业的技术人员根据申报的生产工艺完整地重复生产过程，并制得符合标准的产品。

（3）主要的生产设备　如输液制剂生产中的灭菌柜型号、生产厂、关键技术参数；轧盖机类型、生产厂、关键技术参数；过滤滤器的种类和孔径；配液、灌装容器规格等。

（4）拟定的大生产规模　例如对于口服制剂而言，大生产规模不得超过注册批生产规模的十倍。

3.2.P.3.4　关键步骤和中间体的控制

列出所有关键步骤及其工艺参数控制范围。提供研究结果支持关键步骤确定的合理性以及工艺参数控制范围的合理性。

列出中间体的质量控制标准，包括项目、方法和限度，并提供必要的方法学验证资料。

3.2.P.3.5　工艺验证和评价

对无菌制剂和采用特殊工艺的制剂提供工艺验证资料，包括工艺验证方案和验证报告，工艺必须在预定的参数范围内进行。工艺验证内容包括：批号；批量；设备的选择和评估；工艺条件/工艺参数及工艺参数的可接受范围；分析方法；抽样方法及计划；工艺步骤的评估；可能影响产品质量的工艺步骤及可接受的操作范围等。研究中可采取挑战试验（参数接近可接受限度）验证工艺的可行性。

其余制剂可提交上述资料，也可在申报时仅提供工艺验证方案和批生产记录样稿，但应同时提交上市后对前三批商业生产批进行验证的承诺书。

验证方案、验证报告、批生产记录等应有编号及版本号，且应由合适人员（如 QA、QC、质量及生产负责人等）签署。

3.2.P.4　原辅料的控制

以附表 11 所示格式提供原辅料的来源、相关证明文件以及执行标准。

附表 11　原辅料的来源、相关证明文件以及执行标准

成分	生产商	批准文号	执行标准
工艺过程中溶剂的使用与去除			

如所用原辅料系在已上市原辅料基础上根据制剂给药途径的需要精制而得，例如精制为注射给药途径用，需提供精制工艺选择依据、详细的精制工艺及其验证资料、精制前后的质量对比研究资料、精制产品的注射用内控标准及其起草依据。

如制剂生产商对原料药、辅料制定了内控标准，应分别提供制剂生产商的内控标准以及原料药/辅料生产商的质量标准。

提供原料药、辅料生产商的检验报告以及制剂生产商对所用原料药、辅料的检验报告。

3.2.P.5 制剂的质量控制

3.2.P.5.1 质量标准

按附表 12 方式提供质量标准。如具有放行标准和货架期标准，应分别进行说明。

附表 12 制剂的质量标准

检查项目	方法（列明方法编号）	放行标准限度	货架期标准限度
性状			
鉴别			
降解产物			
溶出度			
含量均匀度 / 装量差异			
残留溶剂			
水分			
粒度分布			
无菌			
细菌内毒素			
其他			
含量			

3.2.P.5.2 分析方法

列明质量标准中各项目的检查方法。

3.2.P.5.3 分析方法的验证

按照《化学药物质量控制分析方法验证技术指导原则》《化学药物质量标准建立的规范化过程技术指导原则》《化学药物杂质研究技术指导原则》《化学药物残留溶剂研究技术指导原则》以及现行版《中华人民共和国药典》中有关的指导原则提供方法学验证资料，逐项提供，以表格形式整理验证结果，并提供相关验证数据和图谱。示例见附表 13。

附表13　有关物质方法学验证结果

项目	验证结果
专属性	辅料干扰情况；已知杂质分离；难分离物质的分离试验；强制降解试验……
线性和范围	针对已知杂质进行
定量限、检测限	
准确度	针对已知杂质进行
精密度	重复性、中间精密度、重现性等
溶液稳定性	
耐用性	色谱系统耐用性、萃取（提取）稳健性

3.2.P.5.4　批检验报告

提供不少于连续三批产品的检验报告。

3.2.P.5.5　杂质分析

以列表的方式列明产品中可能含有的杂质，分析杂质的产生来源，结合相关指导原则要求，对于已知杂质给出化学结构并提供结构确证资料，并提供控制限度。可以表格形式整理，示例见附表14。

附表14　杂质情况分析

杂质名称	杂质结构	杂质来源	杂质控制限度	是否定入质量标准

3.2.P.5.6　质量标准制定依据

说明各项目设定的考虑，总结分析各检查方法选择以及限度确定的依据。

3.2.P.6　对照品

在药品研制过程中如果使用了药典对照品，应说明来源并提供说明书和批号。

在药品研制过程中如果使用了自制对照品，应提供详细的含量和纯度标定过程。

3.2.P.7　稳定性

3.2.P.7.1　稳定性总结

总结所进行的稳定性研究的样品情况、考察条件、考察指标和考察结果，并提出贮存条件和有效期。示例见附表 15、附表 16、附表 17、附表 18。

（1）试验样品

附表 15　样品情况

批号			
规格			
原料药来源及批号			
生产日期			
生产地点			
批量①			
内包装材料			

① 稳定性研究需采用中试或者中试以上规模的样品进行研究。

（2）研究内容

附表 16　常规稳定性考察结果

项目		放置条件	考察时间	考察项目	分析方法及其验证
影响因素试验	高温				
	高湿				
	光照				
	其他				
	结论				
加速试验					
中间条件试验					
长期试验					
其他试验					
结论					

填表说明：

① 影响因素试验中，尚需将样品对光、湿、热之外的酸、碱、氧化和金属离子等因素的敏感程度进行概述，可根据分析方法研究中获得的相关信息，从产品稳定性角度，在影响因素试验的"其他"项下简述；影响因素试验的"结

论"项中需概述样品对光照、温度、湿度等哪些因素比较敏感，哪些因素较为稳定，作为评价贮藏条件合理性的依据之一。

② 稳定性研究内容包括影响因素试验、加速试验和长期试验，根据加速试验的结果，必要时应当增加中间条件试验。建议长期试验同时采用（30±2）℃/65%±5%RH 的条件进行，如长期试验采用（30±2）℃/65%±5%RH 的条件，则可不再进行中间条件试验。提交申报资料时至少需包括 6 个月的加速试验和 6 个月的长期试验数据，样品的有效期和贮存条件将根据长期稳定性研究的情况综合确定。

"其他试验"是指根据样品具体特点而进行的相关稳定性研究，如液体挥发油类原料药进行的低温试验，注射剂进行的容器密封性试验。

③ "分析方法及其验证"项需说明采用的方法是否为已验证并列入质量标准的方法。如所用方法和质量标准中所列方法不同，或质量标准中未包括该项目，应在上表中明确方法验证资料在申报资料中的位置。

附表 17　使用中产品稳定性研究结果

项目	放置条件	考察时间	考察项目	分析方法及其验证	研究结果
配伍稳定性					
多剂量包装产品开启后稳定性					
制剂与用药器具的相容性试验					
其他试验					

（3）研究结论

附表 18　稳定性研究结论

内包材	
贮藏条件	
有效期	
对说明书中相关内容的提示	

3.2.P.7.2　上市后的稳定性承诺和稳定性方案

应承诺对上市后生产的前三批产品进行长期留样稳定性考察，并对每年生产的至少一批产品进行长期留样稳定性考察，如有异常情况应及时通知管理当局。

提供后续稳定性研究方案。

3.2.P.7.3　稳定性数据

以表格形式（附表 19、附表 20、附表 21）提供稳定性研究的具体结果，并将稳定性研究中的相关图谱作为附件。

（1）影响因素试验

附表 19　影响因素试验

批号：（一批样品）　　　　　　　　批量：　　　　　　　　规格：

考察项目	限度要求	光照试验 4500 lx/ 天			高温试验 60 ℃ / 天			高湿试验 90%RH/ 天		
		0	5	10	0	5	10	0	5	10
性状										
单一杂质 A										
单一杂质 B										
总杂质										
含量										
其他项目										

（2）加速试验

附表 20　加速试验

批号：（三批样品）批量：　　　　规格：　　　　包装：　　　　考察条件：

考察项目	限度要求	时间 / 月				
		0	1	2	3	6
性状						
单一杂质 A						
单一杂质 B						
总杂质						
含量						
其他项目						

（3）长期试验

附表 21　长期试验

批号：（三批样品）批量：　　　　　规格：　　　　　包装：　　　　　考察条件：

考察项目	限度要求	时间 / 月							
	低 / 高	0	3	6	9	12	18	24	36
性状									
单一杂质 A									
单一杂质 B									
总杂质									
含量									
其他项目									

参 考 文 献

[1] 陈小平.新药研究与开发技术 [M].北京：化学工业出版社，2020.

[2] 徐寒梅.新药非临床研究与开发 [M].北京：中国医药科技出版社，2020.

[3] 贾力.新药研发的跨学科知识与技能 [M].北京：科学出版社，2018.

[4] 田徽，谭承佳.药学综合技术实验教程 [M].南京：东南大学出版社，2022.

[5] 邵蓉.中国药事法理论与实务 [M].3 版.北京：中国医药科技出版社，2019.

[6] 李歆，李锟.药事管理学 [M].武汉：华中科技大学出版社，2021.

[7] 杨世民.药事管理学 [M].6 版.北京：人民卫生出版社，2016.

[8] 国家市场监督管理总局.药品注册管理办法 [Z].2020.

[9] 国家食品药品监督管理总局.总局关于发布仿制药质量和疗效一致性评价工作程序的公告 [Z].
    2016.

[10] 国家药品监督管理局药品审评中心.国家药品监督管理局药品审评过程中审评计时中止与恢
    复管理规范（试行）[Z].2022.

[11] 第十三届全国人民代表大会常务委员会.中华人民共和国药品管理法 [Z].2019.

[12] 国家市场监督管理总局.药品生产监督管理办法 [Z].2020.

[13] 中华人民共和国卫生部药品生产质量管理规范 [Z].2011.

[14] 国家药品监督管理局.药品注册核查工作程序（试行）[Z].2021.

[15] 国家药品监督管理局.药品注册核查要点与判定原则（药学研制和生产现场）（试行）[Z].
    2021.

[16] 国家食品药品监督管理总局.仿制药质量和疗效一致性评价研制现场核查指导原则 [Z].
    2017.

[17] 国家食品药品监督管理总局.仿制药质量和疗效一致性评价生产现场检查指导原则 [Z].
    2017.

[18] 江苏省食品药品监督管理局江苏省药品注册现场核查工作细则（试行）[Z].2009.

[19] 朱世斌，刘红.药品生产质量管理工程 [M].3 版.北京：化学工业出版社，2022.

[20] 高天兵，郑强.药品 GMP 指南：原料药 [M].2 版.北京：中国医药科技出版社，2023.

[21] 高天兵，郑强.药品 GMP 指南：质量管理体系 [M].2 版.北京：中国医药科技出版社，
    2023.

[22] 刘哲鹏，杨世霆，徐鸽.质量管理在药品研发过程中的应用 [J].药事管理，2009，27（4）：
    294-296.

[23] 敖天其，廖林川.实验室安全与环境保护 [M].成都：四川大学出版社，2015.

[24] 卢鸣.高校化工医药类实验室安全与环保管理体系建设新探 [J].荆楚理工学院学报，2023，38（4）：85-90.

[25] 陈代梅，刘金刚，李金洪.化学实验室安全与环保建设的探索与实践 [J].化工设计通讯，2019，45（11）：153-154.

[26] 司晓棠，程旺元，马依莎，等.药生类实验室安全与环保措施探究 [J].实验科学与技术，2019，17（5）：151-155.

[27] 段薇，张建伟.安全与环保的药学专业实验室管理探索 [J].人力资源管理，2016（5）：298-299.

[28] 郑晓晖，赵晔.新药研发与注册 [M].西安：西北大学出版社，2020.

[29] 马蜂.大学生基本职业素养 [M].北京：北京师范大学出版社，2021.

[30] 史秋衡.国家大学生学情发展研究 [M].厦门：厦门大学出版社，2020.

[31] 李晓辉，杜冠华.新药研究与评价概论 [M].2 版.北京：人民卫生出版社，2022.

[32] 邓世明.新药研究思路与方法 [M].2 版.北京：人民卫生出版社，2023.

[33] 王东.甲磺酸伊马替尼原料药质量标准研究 [D].重庆：重庆大学，2020.

[34] 李晓静.甲磺酸伊马替尼的合成与质量研究 [D].新乡：河南师范大学，2014.

[35] Pandey K P，Singh C L，Verma S，et al. Development and Validation of Stability Indicating High Performance Liquid Chromatography Method for Related Substances of Imatinib Mesylate [J]. Indian Journal of Pharmaceutical Sciences，2022，84（2）：465-476.

[36] Sri R S，Soundarya，Sri K，et al. Stability Indicating UV-Spectrophotometric Method Development and Its Validation for the Determination of Imatinib Mesylate in Bulk and Formulation [J]. Asian Journal of Pharmaceutical Analysis，2022，12（2）：83-86.

[37] 周鹏举.来那度胺胶囊处方筛选及质量研究 [J].国外医药（抗生素分册），2016，37（4）：184-188.

[38] 买佳佳，丁艳华，刘婷，等.国产来那度胺胶囊的人体生物等效性临床研究 [J].临床血液学杂志，2019，32（1）：24-27.